计算机科学先进技术译丛

超入门

[日] 松浦健一郎　司友希 (司 ゆき)　著

卢 涛 译

U0178749

机械工业出版社

这是一本介绍 PHP 的入门书。本书尽量让读者在享受编程乐趣的同时掌握技术。全书由 8 章组成，包括 PHP 的基本介绍、搭建开发环境并确认程序执行动作、第一个 PHP 程序、控制结构和控件、熟练使用函数、数据库的基础和操作、实用的脚本、Web 应用程序的发布等内容。每章分为多个小节。在每个小节的开头，都显示了该小节应该实现的目标。然后，将实现的过程分为几个步骤，使读者可以逐步学习编程，同时检查中间的结果。

本书适合对 PHP 编程感兴趣的初学者学习。

TASHIKANA CHIKARA GA MI NI TSUKU PHP「CHO」NYUMON
Copyright © Kenichiro Matsuura/Yuki Tsukasa 2016
Original Japanese edition published by SB Creative Corp.
Simplified Chinese translation rights arranged with SB Creative Corp.,
through Shanghai To-Asia Culture Co., Ltd.

图书在版编目(CIP)数据

PHP 超入门 /（日）松浦健一郎，（日）司友希著；卢涛译. —北京：机械工业出版社，2021.8

（计算机科学先进技术译丛）

ISBN 978-7-111-68630-9

Ⅰ.①P… Ⅱ.①松…②司…③卢… Ⅲ.①PHP 语言–程序设计 Ⅳ.①TP312.8

中国版本图书馆 CIP 数据核字（2021）第 130065 号

机械工业出版社（北京市百万庄大街 22 号　邮政编码 100037）
策划编辑：杨　源　责任编辑：杨　源
责任校对：徐红语　责任印制：李　昂
北京中科印刷有限公司印刷
2021 年 8 月第 1 版·第 1 次印刷
184mm×260mm·20 印张·420 千字
0001—1500 册
标准书号：ISBN 978-7-111-68630-9
定价：129.00 元

电话服务　　　　　　　网络服务

客服电话：010-88361066　机 工 官 网：www.cmpbook.com
　　　　　010-88379833　机 工 官 博：weibo.com/cmp1952
　　　　　010-68326294　金 书 网：www.golden-book.com
封底无防伪标均为盗版　机工教育服务网：www.cmpedu.com

 前　言

这是一本针对 PHP 初学者的入门书。对于初次接触编程的读者，本书力求能让他们边享受学习过程，边掌握技术。

本书由 8 章组成，包括：

◆ **第一部分**（1~3 章）

从一个只有几行打印信息的简单脚本开始学习。最后，使读者可以创建一个动态网站，该网站拥有根据用户输入内容而进行输出的功能。

◆ **第二部分**（4~5 章）

了解如何针对放置在网页上的例如复选框和单选按钮之类的各种控件的输入进行处理的方法。读者还可以学会创建网站所需的其他一些功能，例如读取和写入文件，以及发送电子邮件等。

◆ **第三部分**（6~8 章）

了解如何使用数据库并搭建购物网站。读者可以开发和发布完整的 Web 应用程序。

每章分为多节。在每节的开头，都显示了该节应该实现的目标。然后将实现的过程分为多个步骤，使得读者可以逐步确认中间的执行结果，以达到循序渐进的学习效果。

在被线框框起来的 Note 内容中，写入了用于加深理解的说明与解释，并介绍了一些有用的技巧。读者可以跳过它稍后再阅读，也可以有选择性地阅读感兴趣的部分。

本书有如下的使用方法。

◆ **单独使用本书**

在乘坐公共交通工具的时候，可以一边确认书中代码的执行结果，一边阅读本书内容。在阅读过程中标记感兴趣的知识点和说明，并在可以使用计算机的时候尽量去尝试执行书中介绍的代码示例。

◆ **使用计算机快速验证**

如果可以使用计算机，建议读者一边执行代码示例，一边阅读本书的解说。然后根据所学到的知识来调整代码示例中的部分内容，对其进行测试，以验证自己的理解是否正确。

◆ **使用计算机仔细研习**

对于感兴趣的代码示例，读者可以先删除文件的内容并自己尝试编写。在独立编写程序的同时，还可以更容易地记住关键字和语法。

我们希望读者能通过阅读本书享受并体会学习 PHP 编程的乐趣。

松浦健一郎/司友希（司ゆき）

目　录

第 3 章   第一个 PHP 程序   37

第 4 章　控制结构和控件　　75

第 5 章　熟练使用函数　　124

第 6 章　数据库的基础和操作　　163

第 7 章　实用的脚本 238

第 8 章　Web 应用程序的发布　　285

第 1 章　PHP 的基本介绍

　　本章将对 PHP 进行概要说明。为了方便今后对 PHP 的学习，将针对 PHP 的实际使用场景、PHP 的执行机理以及它与其他编程语言的区别进行解说，最后将会介绍使用本书完成 PHP 学习的流程。

1.1

PHP 的应用场景是什么?

　　PHP 是一种诞生于 1995 年的编程语言。编程语言是编写计算机程序的语言,程序是为了控制计算机执行而给出的指令集合。

　　编写程序的人被称为程序员。计算机依据程序上的指令运行的过程,被称为"执行程序"。

Fig　编程语言和程序

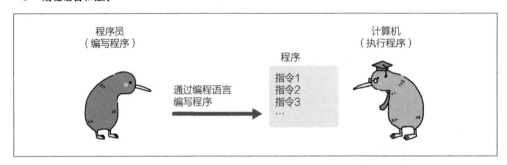

　　编程语言有很多种类,每种编程语言都有自己擅长的领域。其中,PHP 擅长开发 Web 应用程序。Web 应用程序是指通过网络(如 Internet)实现功能的应用程序软件。

Fig　Web 应用程序的图示

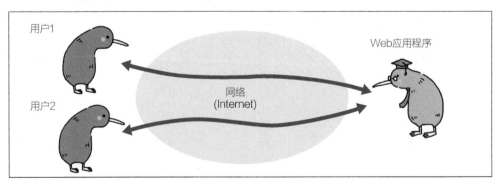

程序和脚本

编程语言有很多种。可以是编写高性能应用程序的高级编程语言，也可以是创建相对简单程序的简单语言。简单的编程语言有时被称为脚本语言，用脚本语言编写的程序称为脚本。对于用 PHP 编写的程序，既可以称为程序，也可以称为脚本，这两种叫法都有。

PHP 官方手册使用脚本这个叫法。因此，在这本书中，我们称 PHP 编写的程序为"脚本"或者"PHP 脚本"。

▶ PHP 手册

URL　http：//php. net/manual/zh/index. php

各种 Web 应用程序的使用场景

我们每天会通过互联网和其他网络使用许多 Web 应用程序。这些 Web 应用程序包括以下几种。

◆ **购物**

通过网络，可以搜索和订购商品。

◆ **银行**

通过网络，可以查询银行账户余额或进行银行转账。

◆ **博客**

可以投稿新闻、日记和其他文章，并在网络上发布。

◆ **SNS**（社交网络服务）

可以投稿新闻、日记和其他文章，并在网络上发布。

铁路和汽车路线搜索网站以及酒店和餐厅预订网站等也是 Web 应用程序的例子。我们每天会使用各种各样的 Web 应用程序。擅长 Web 应用程序开发的 PHP 是工程师用于构建网站时非常有用的语言。

浏览器和 Web 服务器

Web 应用程序是由浏览器和 Web 服务器协同工作得以实现的。用户通过与浏览器的交互以及与 Web 服务器进行网络通信来使用 Web 应用程序的各种功能。

Fig   通过浏览器和 Web 服务器来使用 Web 应用程序

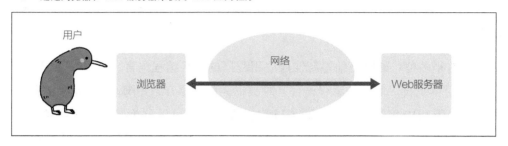

　　浏览器是浏览网页的软件，也被称为 Web 浏览器，但在本书中，我们称其为"浏览器"。常见的浏览器包括 Chrome，Firefox，IE（Internet Explorer），Safari 和 Edge 等。在本书中，使用的是 Chrome。

　　Web 服务器是通过网络进行连接，并对浏览器请求的数据进行响应和处理的软件。有时候，运行 Web 服务器软件的计算机硬件也被称为 Web 服务器。常见的 Web 服务器包括 Apache、IIS（Internet Information Services）、Nginx 等。在本书中，我们使用 Apache 作为 Web 服务器。

请求和响应

　　当用户与浏览器交互时，浏览器通过网络向 Web 服务器发送相关操作的要求。此要求被称为"请求（Request）"。

　　当 Web 服务器收到请求时，它通过运行相关程序来提供 Web 应用程序的功能，并通过网络将程序的执行结果发送到浏览器作为回应。此回应被称为"响应（Response）"。

　　用户和浏览器所在的一侧是"客户端"，而 Web 服务器所在的一侧被称为"服务器端"。在本书中创建的 PHP 脚本将在服务器端被执行。

Fig   请求和响应

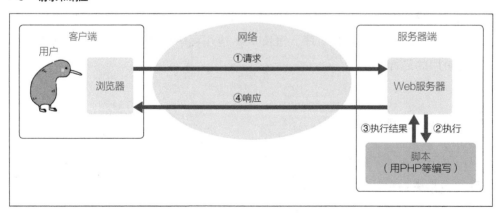

　　请求和响应的过程都是基于 HTTP（Hypertext Transfer Protocol）的通信协议。通信协

议是指在网络上进行通信的规范。

让我们记住！

浏览器向 Web 服务器发送请求，并接受请求的执行结果作为响应。

 PHP 可以实现的功能

可以用非常简洁的程序构建 Web 应用程序是 PHP 的一个特点。例如它可以提供登录和注销之类的用户身份验证功能。用户身份验证是许多 Web 应用程序的基本功能。购物网站、银行、博客和 SNS 均包含用户身份验证功能。

此外，它还可以在购物网站上实现购物车功能。在对下订单的产品结算之前，购物车可以临时保存选定的商品。许多购物网站都具有购物车功能。

实现这些功能的关键是要实现下面的处理流程。

▶ 分析请求数据的处理。

▶ 操作数据库的处理。

▶ 生成响应数据的处理。

Fig **实现 Web 应用程序功能的处理流程**

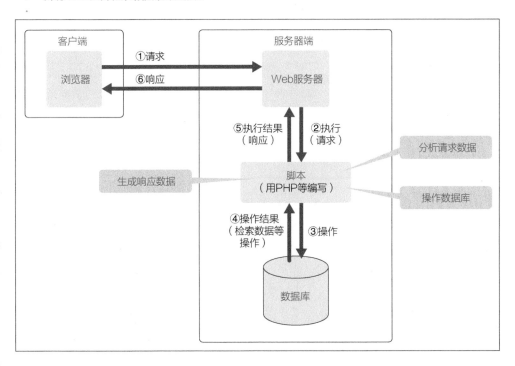

分析浏览器发送的请求，依据请求进行对应的处理，并向浏览器发送响应。依据请

求进行对应处理的典型例子就是操作数据库的处理。

PHP 针对这些处理过程提供了一种简洁的编写功能。所以 PHP 是一种擅长 Web 应用程序开发的语言。

◎ 智能手机程序开发的应用

学习构建 Web 应用程序将有助于智能手机和平板计算机上的应用程序开发。例如最近许多智能手机应用程序都和服务器端进行连接，那么执行服务器端的脚本就可以参考 Web 应用程序来创建。

一些智能手机应用程序仅具有浏览器功能，而主要功能则通过服务器端来提供。如果已经拥有构建 Web 应用程序的能力，就可以轻松地开发此类应用程序。

PHP 的脚本是一个以 ".php" 为扩展名的文本文件。把这个文件放到服务器端的指定位置，可以实现 PHP 脚本和 Web 服务器的联动。通常的做法是，在服务器端的磁盘里往指定的文件夹里放入扩展名为 ".php" 的脚本文件。

Fig PHP 脚本与 Web 服务器之间的联动

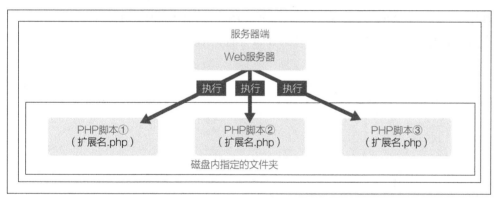

文本文件是指仅包含字符数据的文件。可以使用被称为文本编辑器的软件对其进行浏览和编辑。文本编辑器的例子有 Windows 环境中的记事本、Linux 环境中的 vi 和 Emacs 等。

PHP 标签

PHP 的脚本，是指在扩展名为 ".php" 的 PHP 文件中，写在 <? php 和 ?>之间的部分。<? php 和?>这样的符号被称为 "PHP 标签"。<? php 被称为开始标签，?> 被称为结束标签。在开始标签和结束标签之间写入的内容就是脚本的内容。

非常简短的脚本可以像下面这样写成一行。

Fig   PHP 脚本的编写方法①

通常会像下面这样跨多行编写脚本。

Fig   PHP 脚本的编写方法②

下面的脚本是可以在浏览器页面上显示 "Welcome" 的一个简单例子。echo 'Welcome';
的部分是脚本的内容。关于这个脚本，在第 3 章会有详细的说明。

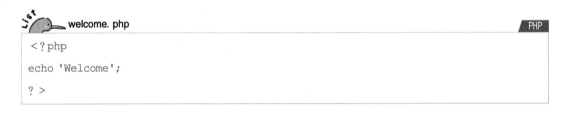

welcome. php   PHP

```
<?php
echo 'Welcome';
?>
```

让我们记住！

PHP 脚本是指写在开始标签 <？php 和结束标签?>之间的内容。

执行方法

编写了 PHP 脚本的 ".php" 文件，需要放在服务器端指定的位置。".php" 通常会
和 Web 网站的 ".html" 文件放在同一个位置。例如在本书中，将 ".php" 文件放在以下
位置。

C:\xampp\htdocs\php\chapter2\welcome. php

"C:" 是指计算机的 C:盘。"\" 的符号是用来分隔文件夹名的。上面关于存放
".php" 文件位置的例子的意思是，"在计算机 C:盘的 xampp 文件夹里面的 htdocs 文件夹

里面的 php 文件夹里面的 chapter2 文件夹里面，存放了 welcome. php 这个文件"。

要执行 PHP 脚本的话，就需要在浏览器里面输入 URL 打开 ".php" 文件。例如在本书中，要打开上面的 ".php" 文件并且执行，就需要在浏览器里面输入下面的 URL。

执行　http：//localhost/php/chapter2/welcome. php

"http："指的是 HTTP 协议。localhost 指的是浏览器所运行的计算机。"/"是用来分隔文件夹的符号。

这个 URL 例子的意思是，"使用 HTTP 协议打开在 localhost 计算机里面的 php 文件夹里面的 chapter2 文件夹里面的 welcome. php 文件"。

比较一下 ".php" 文件放的位置，和浏览器打开文件对应的 URL。除了开头的 "C：\xampp\htdocs" 和 "http：//localhost" 不同，以及文件夹的区隔符 "\" 和 "/" 不同之外，其余的部分 "php" "chapter2" "welcome. php" 都是相同的。

关于 PHP 脚本的执行会在第 2 章做详细的说明。现在只要记住需要用浏览器打开 ".php" 文件所在的 URL就足够了。

如果用浏览器打开上面的 URL，Web 服务器会根据 URL 打开 ".php" 文件，然后执行脚本。脚本的执行结果会作为响应（response）被返回浏览器。

Fig　PHP 脚本的执行

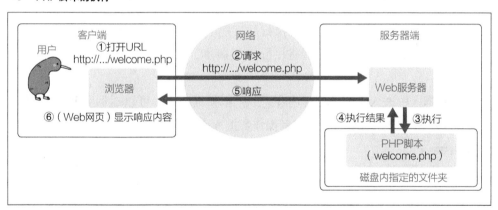

浏览器将在屏幕上显示响应的内容。通常响应的内容是用 HTML 编写的网页。因此，与浏览器进行交互的用户将看到的是显示了响应结果的网页。

PHP 和其他编程语言的区别

在应用程序开发领域，除了 PHP 还会使用到其他的编程语言。主要有 Java、JavaScript、Python、Ruby，C#等。在学习 PHP 的时候，让我们了解一下它与其他编程语言有什么不一样的地方。通过与其他编程语言的比较可以了解 PHP 的特点，从而进一步促进接下来的学习。

PHP 的执行机理

首先，让我们看看 PHP 脚本是如何被执行的。把 PHP 脚本放在服务器端。当请求从浏览器到达 Web 服务器时，Web 服务器将执行 PHP 脚本，并将执行结果作为响应返回给浏览器。

可以在 PHP 脚本中嵌入喜欢的处理内容。根据请求的内容，可以返回各种各样的响应。也可以通过处理在服务器端的文件或者操作数据库来实现复杂的功能。

Fig　PHP 的执行机理

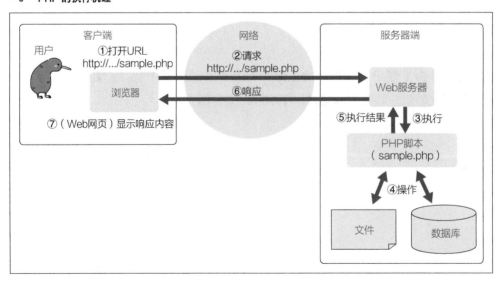

和 HTML 相比有什么不同

HTML 是用来描述 Web 网页内容的语言。虽然 HTML 是计算机上使用的一种语言，但并不是用来编写程序的语言。因此不能称为编程语言。

HTML 文件和 PHP 文件一样也是放在服务器端来使用的。浏览器对 Web 服务器发出 HTML 文件的请求时，Web 服务器把 HTML 文件的内容作为响应返回给浏览器。

与可以根据请求内容更改执行结果的程序不同，HTML 不能根据请求内容更改 HTML 文件的内容。因此，HTML 文件适用于编写内容固定不变的网页。

Fig　HTML 的执行机理

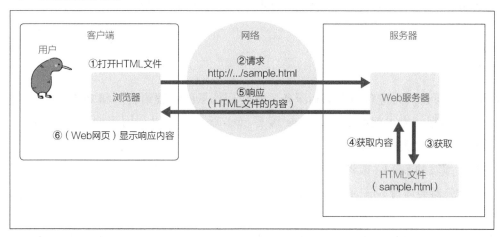

如果要显示固定内容的网页，可以使用 HTML 文件。而 HTML 文件无法完成的部分，可以使用 PHP 脚本来完成根据请求内容更改响应结果的处理。

和 JavaScript 相比

JavaScript 是一种主要在浏览器上运行的编程语言。与 HTML 组合使用，用来编写网页。

在 HTML 文件中，JavaScript 的程序将编写在 < script > 的标签中。就如之前说的，HTML 文件会被放在服务器端。当浏览器向 Web 服务器请求 HTML 文件时，Web 服务器将 HTML 文件直接作为响应返回到浏览器。

浏览器将在客户端执行 < script > 标签中的 JavaScript 程序。与在服务器端执行的 PHP 不同，比起操作服务器端的文件和数据库，JavaScript 更擅长在浏览器内进行处理。例如 JavaScript 通常用于实现菜单和按钮响应的用户界面。

Fig　JavaScript 的执行机理

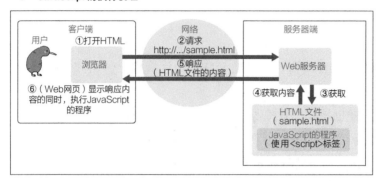

　　制作有交互响应的用户界面的时候使用 JavaScript，需要对数据库和文件进行操作的时候可以使用 PHP。术业有专攻，两种语言同时使用的场景也是存在的。

和 Java（Servlet/JSP）相比

　　Java 是一种可以同时应对用户端和服务器端使用场景的编程语言。和 PHP 一样，也可以编写 Web 程序。为了能够实现用 Java 编写 Web 程序，可以利用诸如 Servlet 和 JSP（JavaServer Pages）之类的程序。

　　把用 Java 编写的 Servlet 或者 JSP 放在服务器端。当浏览器对 Web 服务器发出相应请求时，Web 服务器会运行 Servlet 或者 JSP 的程序，最后把运行的结果作为响应返回给浏览器。

　　因为 Servlet 或者 JSP 是在服务器端运行的程序，所以拥有可以对服务器端的文件或者数据库进行操作的能力。和 Java 相比 PHP 的优点是，可以用更简洁的代码实现同样的处理功能的编写。编写实用程序所需花费的学习时间也会比 Java 更少一点。

　　下图显示的是 JSP 的情况。对于 Servlet，URL 的表示方法会有所改变，但是执行机理是相同的。

Fig　Java（JSP）的执行机理

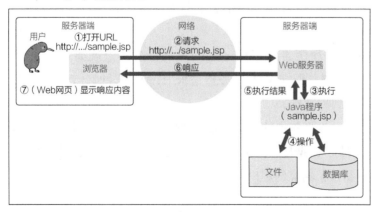

关于 PHP 要学什么

在本书中，将学到以下关于 PHP 的知识。从 "写过 HTML，但是仍是编程新手" 的阶段作为出发点，以达到"能够用 PHP 编写实用的 Web 应用程序"为目标。

◆ **PHP 脚本的执行方法**

将学习如何创建运行 PHP 脚本的环境，编写并执行简单的 PHP 脚本。

◆ **PHP 的基本语法**

创建简单的 PHP 脚本的同时，学习 PHP 的语法，以及 PHP 提供的各种功能。

◆ **与 Web 网页控件的联动**

学习创建像文本框或者复选框这样的 Web 网页上的控件，以及通过控件对用户输入的内容进行处理的方法。

◆ **数据库的操作**

将学习实际开发 Web 应用程序过程中不可缺少的数据库的基础知识，以及利用 PHP 操作数据库的方法。

◆ **实用的 Web 应用程序的编写方法**

以 Web 应用程序为例，创建具有用户认证和购物车功能的购物网站。

◆ **Web 应用程序的发布**

学习为了发布 PHP 开发的 Web 应用程序所需的服务器的搭建和脚本安装的方法。

本书的目标读者群体

本书推荐给以下人群。

▶ 想要学习 PHP 的人。

▶ 想要学习创建购物网站之类的商业网站的人。

▶ 想要学习如何在 Web 上对数据库进行操作方法的人。

在本书中，我们将尽可能做详尽的解释，即便是编程新手也不会觉得困难，并能够持续阅读和学习。最初我们会提供能够确认执行动作的脚本示例，在通过尝试执行示例脚本，体验 PHP 程序会经历什么样的处理之后，再对内容进行详细说明。

◎ 阅读提示

　　在阅读本书时，请确保先快速浏览提供的示例脚本中的所有行，以确认是否理解了脚本中使用的功能。重要的功能会在多个示例中重复出现。要学习某个功能，首先在该功能首次出现的时候仔细阅读解说，再次碰到该功能时，确认是否能理解，这样的学习方法是很有效的。如果发现对该功能的理解有不足的地方，请返回第一个示例并阅读关于该功能的说明。

示例数据的下载

本书中使用的示例数据可以从本书的支持页面下载。示例数据包括本书所使用的 PHP 脚本，PHP 脚本中使用的图片文件，还有创建数据库所需要的 SQL 脚本。

▶ **本书的支持页面**

`URL` http：//isbn. sbcr. jp/88725/

示例数据被压缩成 ZIP 文件。示例数据的构成如下。

Fig **示例数据的构成**

使用示例数据的时候，需要按照第 2 章介绍的方法安装 XAMPP。然后解压示例数据的 ZIP 文件，把 php 文件夹复制到 htdocs 文件夹下面。

第 1 章的总结

在本章我们学习了 PHP 的特点。PHP 是可以使编写 Web 应用程序变得简单的编程语言。它运行在服务器端并能够实现对服务器端的文件以及数据库进行操作的功能。学习 PHP 后，就能够创建像购物网站或者 SNS 之类，在网上被普遍采用的 Web 应用程序。

◎ 学习编程的方法

编程就像是使用积木搭建作品一样。编程能够使用的基本组件是固定不变的。对怎样组合现有的基本组件，然后构建想要的作品的思考过程就是编程。

想要习得编程能力的话，并不推荐对现有的脚本死记硬背，然后对其复制粘贴的学习方法。本书推荐读者切实地理解通用性较高的基本组件（在 PHP 中的基本组件是 PHP 语法等）的概念，符号以及用法后，通过不断训练，运用这些基本组件搭建作品来学习编程。

下面是推荐一些有效学习编程的方法。

● **执行脚本示例**（并且确认执行的结果）

要想了解示例使用的组件拥有什么功能，首先需要尝试着执行脚本示例。对示例进行各种各样操作的同时，观察脚本的执行会有怎样的反应行为。

● **了解组件的符号和用法**

阅读对于组件的说明，学习组件的符号，并且一边回想示例提供了什么样的功能，一边尝试理解组建的功能和用途。

● **尝试使用组件**

尝试使用学习过的组件编写自己的脚本。一开始可以从使用一个组件出发，然后是组合多个组件来实现某个功能。不管是实现和示例相似的功能，还是实现在阅读说明的时候自己想出来的功能，都是值得鼓励和尝试的。

第 2 章　搭建开发环境并
确认程序执行动作

　　在本章中，我们将搭建开发环境，准备开始学习 PHP。PHP 有多种
开发环境，本书使用的是 XAMPP。XAMPP 是一个软件包，它不仅可以安
装 PHP，也可以一次性安装 Web 服务器软件 Apache 和数据库管理系统
MariaDB（MySQL）。安装完开发环境后，试着编写一个简单的 PHP 脚本并
执行它。读者也会学到 PHP 文件的存放位置、PHP 文件的编辑和执行方法。

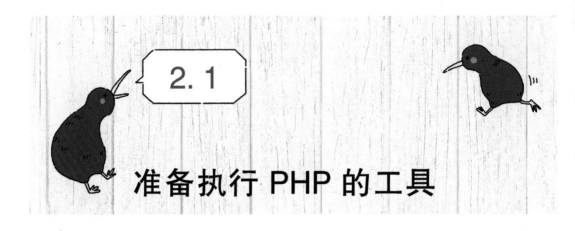

准备执行 PHP 的工具

作为编写 PHP 脚本必不可少的开发环境，本书采用可以从网上免费下载到的 XAMPP。XAMPP 的优点是，可以打包安装 PHP 开发所需的软件，非常简单。

仅在客户端执行 PHP

如第 1 章所述，要执行 PHP 脚本，本来是需要客户端（计算机）和服务器端（计算机）的两种环境的。但是使用 XAMPP 的话，不需要与服务器通信或者向服务器传送文件，就可以只使用自己的计算机完成 PHP 的开发流程。安装 XAMPP 后，不论是 Web 服务器，还是数据库管理系统，还是 Web 应用程序开发所需要的一套软件，都可以在自己的计算机上运行。

如下图所示，执行 PHP 脚本所需要的 Web 服务器、数据库和文件都可以放在自己的计算机上。因此，也就不需要租赁服务器或签约云服务来准备服务器了。

Fig　XAMPP 的配置

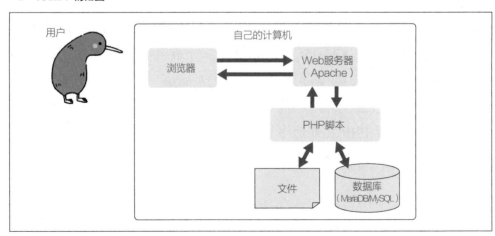

XAMPP 中包含的软件

XAMPP 包含以下软件。安装 XAMPP 之后，就可以使用这些软件了。

◆ Apache

它是一种被广泛使用的 Web 服务器软件。

◆ MariaDB（MySQL）

它是一个数据库管理系统。也是从广泛使用的 MySQL 派生而来的产品。关于数据库将会在第 6 章中详细说明。

◆ PHP

使用 PHP 进行开发所需的环境（工具）。

◆ Perl

使用 Perl 这种编程语言进行开发所需要的开发环境。虽然本书中并没有用到，但使用 Perl 也可以实现 Web 应用程序的开发。

关于 XAMPP 的命名，除了它是应对多种开发环境的跨平台安装包以外，还由它所包含的软件的首字母组成。"X：跨平台""A：Apache""M：MariaDB（MySQL）""P：PHP""P：Perl"的意思。

XAMPP 支持 Windows、Linux、Mac OS X、Solaris。本书中显示的都是 Windows 版本的执行页面。

 LAMP

作为和 XAMP 类似的单词，LAMP 也经常被使用。LAMP 是构建 Web 网站经常使用到的软件群。LAMP 的各个字母的含义是"L：Linux""A：Apache""M：MySQL""P：PHP/Perl/Python"。XAMPP 曾经被称为 LAMPP，由于除了 Linux 还支持其他操作系统，所以就改成了 XAMPP。

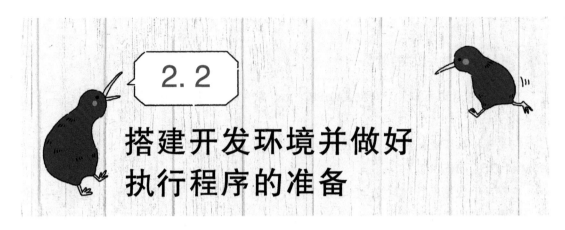

2.2 搭建开发环境并做好执行程序的准备

要开始 PHP 的编程，首先下载 XAMPP 并安装在自己的计算机上。在这一节，我们的目标是打开 XAMPP 的控制面板，然后启动 Web 服务器 Apache。

下载 XAMPP

XAMPP 是 Apache Friends 提供的免费软件包。在浏览器中打开以下 URL。在本书中，使用的浏览器是 Chrome。

▶ **XAMPP 官方网页**

URL　https：//www. apachefriends. org/zh_cn/index. html

在编写本书的时候（2016 年 8 月），下载到的最新版本为 XAMPP for Windows 7. 0. 8。这个版本包含的软件如下。

　　▶ Apache 2. 4. 18
　　▶ MariaDB 10. 1. 13
　　▶ PHP 7. 0. 8

Fig　XAMPP 的官方网页

如果有新的版本发布，请下载最新的版本。在上面的页面，点击"点击这里获得其他版本"获得下载内容，也可以打开下面的 URL 进行下载。

▶ XAMPP 的下载网页

URL　https：//www. apachefriends. org/download. html

Fig　XAMPP 的下载页面

编写本书的时候，有"5.5.37""5.6.23""7.0.8"3 种不同版本的 PHP。本书选择使用"7.0.8"这个版本。

安装 XAMPP

下载完成后，下一步就是安装 XAMPP。使用 Windows 的情况下，用浏览器下载后，打开下载的程序然后执行。执行的时候会出现确认程序执行的提示对话框。选择同意执行程序。在使用 Mac OS X 的情况下，用同样的方法也可以进行安装。关于 Mac OS X 安装的注意点，随后会进行说明。

◉ 在使用 Mac OS X 的情况下

在使用 Mac OS X 的情况下，安装 XAMPP 的时候，打开下载好的文件，然后执行文件夹中的 XAMPP. app。执行后按照对话框提示的内容进行安装。

PHP 超入门

🐤 执行安装文件

打开并执行安装文件，出现 Bitnami 的图标后，会出现 Question 和 Warning 的对话框。它们分别是关于杀毒软件和用户账号控制（UAC）功能提示的对话框。

关于杀毒软件，当安装比较慢或者安装时碰到问题的时候会发出通知。这时，选择"Yes"继续安装。如果在这之后出现了安装问题，可以暂时关闭杀毒软件，然后进行安装。

关于 UAC 的警告，不要把 XAMPP 安装到"C:\Program Files（x86）"，或者使 UAC 无效都可以消除警告。本书通过把 XAMPP 安装到"C:\xampp"来消除警告。选择"OK"按钮后继续进行安装。

Fig 关于杀毒软件问题的对话框

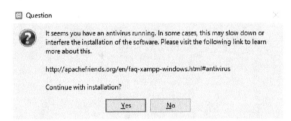

Fig 关于 UAC 警告的对话框

🐤 安装软件时的选项

对于"Setup-XAMPP"的对话框。选择"Next"按钮❶，进入下一步。

Fig "Setup-XAMPP"对话框

进入下一步后会出现"Select Components"对话框。在这里可以选择安装的软件。默认情况是安装全部软件。在这里我们接受默认情况，单击"Next"按钮❷进入下一步。

Fig　"Select Components"对话框

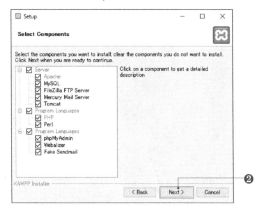

🥝 安装文件夹的选择

之后会出现"Installation folder"对话框。对话框里有输入栏，输入安装文件夹的位置。本书选择安装在"C：\xampp"文件夹，在"Select a folder"右边的输入栏中输入"C：\xampp"❶，然后单击"Next"按钮❷进入下一步。

也可以安装到"C：\xampp"以外的文件夹，如果需要安装到其他文件夹，可以在"C：\xampp"的位置把路径替换成想要安装的文件夹的路径。

Fig　"Installation folder"对话框

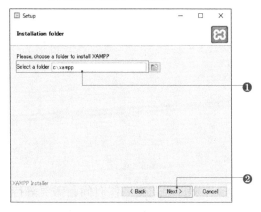

⚙ 在使用 Mac OS X 的情况下

在使用 Mac OS X 的情况下，没有必要指定安装文件的文件夹。软件会被安装到 /Applications/XAMPP 文件夹。

PHP超入门

🥝 执行安装

当出现"Bitnami for XAMPP"对话框时，出现了可以和 XAMPP 一起使用软件的安装器的介绍。这里为了简化安装过程，我们取消"Learn more about Bitnami for XAMPP"的勾选❶，然后单击"Next"按钮❷进入下一步。

Fig　"Bitnami for XAMPP"对话框

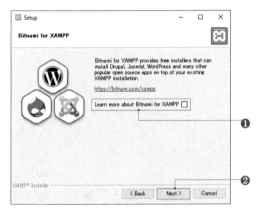

之后会出现"Ready to Install"对话框。安装器已经准备就绪，单击"Next"按钮❸进入下一步。

Fig　"Ready to Install"对话框

接下来会出现"Welcome to XAMPP！"对话框。解压文件会花费一些时间，需要等待一会儿。在安装过程中会出现命令提示符（黑色背景白色文字的窗口），此时不需要进行操作。等安装完成了会出现"Completing the XAMPP Setup Wizard"对话框。"Do you want to start the Control Panel now？"的选项❹是在询问你是否要启动 XAMPP 控制面板对 XAMPP 进行控制。在这里，我们默认勾选，单击"Finish"按钮❺。

Fig "Welcome to XAMPP！" 对话框

Fig "Completing the XAMPP Setup Wizard" 对话框

 启动 XAMPP 的控制面板

安装完 XAMPP 后，XAMPP 控制面板会启动。如果没有自动启动，可以手动开启。操作系统是 Windows 10 的情况下，打开开始菜单，输入 "XAMPP" 进行检索❶。"XAMPP Control Panel" 会出现在检索结果中❷。选择 "XAMPP Control Panel" 并单击它启动 XAMPP 控制面板。

Fig 检索 "XAMPP Control Panel"

初次启动的时候会出现选择语言的对话框。选择英语或者德语❸，然后单击"Save"按钮❹。

Fig　语言选择对话框

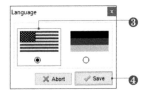

之后 XAMPP 的控制面板会启动。在"Module"一栏，能看到 Apache，MySQL 之类的软件名字。通过在软件右边的"Start"按钮，可以启动相对应的软件。

Fig　XAMPP 控制面板

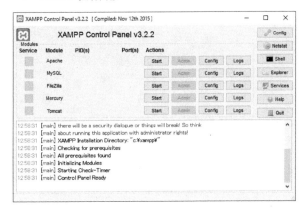

在使用 Mac OS X 的情况下

在使用 Mac OS X 的情况下，安装完 XAMPP 后，在 Applications 文件夹下面会创建名为 XAMPP 的文件夹。在 XAMPP 文件夹中，选择 manager-osx. app，打开后，可以启动 XAMPP 的控制面板。

启动 Apache

使用 XAMPP 执行 PHP 脚本的时候，需要用 Apache 作为 Web 服务器。当浏览器向 Apache 发送请求时，Apache 将执行相应的 PHP 脚本并将结果发送回浏览器。 XAMPP 已安装 Apache，可以立即启动并使用它。

在 XAMPP 控制面板上，启动作为 Web 服务器的 Apache。在 Apache 的右边，单击

"Start" 按钮❶。

启动 Apache 的时候，有可能触发 Windows 自带的或者其他的杀毒软件发出关于防火墙的警告对话框。此时可选择"允许访问"或者"解除限制"，赋予 Apache 对网络进行操作的权限。

Fig　Apache 的 "Start" 按钮

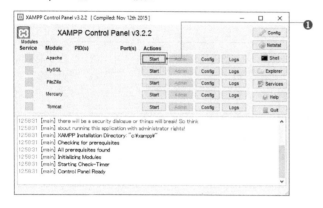

如果 Apache 的背景色发生变化，并且"PID（s）"和"Ports"的地方显示数字了，就说明 Apache 启动成功了。

PID（s）是在 Windows 系统中用来识别 Apache 执行的程序的 ID。Port（s）是 Apache 在通信的时候使用的端口。端口是指通信的出入口，由于存在多个出入口，所以对其编号进行识别。

Fig　Apache 启动后控制面板的情况

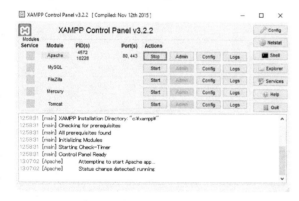

确认 Apache 的启动

使用浏览器可以确认 Apache 的启动。在浏览器中输入以下 URL：

执行　http：//localhost/

localhost 的意思是指现在浏览器运行时所在的计算机。现在的情况是，Apache 和浏览器执行在同一个计算机上，所以在浏览器中指定 localhost 的时候可以把 XAMPP 的 Apache 作为 Web 服务器使用。

打开上述的 URL 时，浏览器会跳转到下面的 URL，然后打开 XAMPP 的介绍页面。

http：//localhost/dashboard/

如果 Web 页面没有正常显示，请返回控制面板确认 Apache 是否启动。如果Apache已经启动，但是页面没有显示，可以单击"Stop"按钮先停止 Apache，然后单击"Start"按钮重新启动 Apache。

Fig　XAMPP 的介绍页面

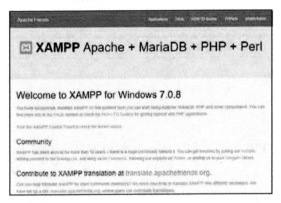

在本书中，会一直使用 Apache，可以一直打开 Apache。想要停止 Apache 的时候，可以单击"Stop"按钮。重新开启 Apache 的时候，可以再次单击"Start"按钮。

让我们记住！

保持 Apache 开启的状态。

◎ 在使用 Mac OS X 的情况下

在使用 Mac OS X 的情况下，想要启动 Apache 的话，需要选择 XAMPP 的控制面板上的"Manage Servers"选项卡，从服务器列表里选择"ApacheWebServer"，然后单击"Start"按钮就可以执行了。单击"Stop"按钮可以停止，单击"Restart"按钮可以再次启动。

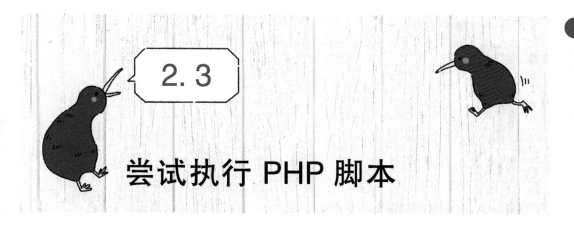

2.3

尝试执行 PHP 脚本

使用安装好的 XAMPP，让我们尝试执行一下 PHP 脚本程序。也会使用本书的示例数据，执行可以在浏览器页面上显示 "Welcome" 信息的 PHP 脚本，并且还会学习用文本编辑器对脚本进行编辑的方法。

准备示例的 PHP 脚本

从本书的支持页面下载示例数据。示例数据被压缩在名为 php_sample. zip 的压缩包里。解压 php_sample. zip，选择并复制解压出来的 php 文件夹。

使用键盘键 "Ctrl" + "C" 或者在文件夹上右击鼠标选择 "复制" 命令对文件夹进行复制。

Fig　php 文件夹

打开文件资源管理器里面的 C：\xampp\htdocs 文件夹。这个路径是指在磁盘 c 中的 xampp 文件夹中的 htdocs 文件夹。XAMPP 使用这个 htdocs 文件夹来放置 PHP 脚本和 HTML 文件。

在 C：\xampp\htdocs 文件夹下，使用键盘键 "Ctrl" + "V" 或者鼠标右键选择 "粘贴" 命令把之前复制的 php 文件夹粘贴到现在的文件夹里面。

粘贴完成后，C：\xampp\htdocs 文件夹下会出现名为 php 的文件夹。

Fig　C：\xampp\htdocs 文件夹

Fig　C：\xampp\htdocs 文件夹下面的 php 文件夹

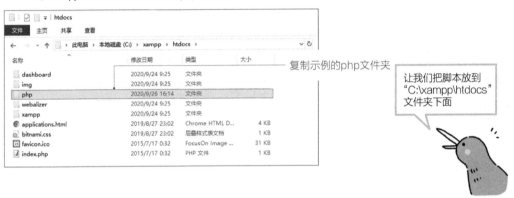

复制示例的php文件夹

让我们把脚本放到
"C:\xampp\htdocs"
文件夹下面

⊚ 在使用 Mac OS X 的情况下

Note

　　在使用 Mac OS X 的情况下，脚本需要放到 Applications 文件下面的 xampp/htdocs 文件夹。

示例数据的构成

　　在 php 文件夹里面，存放着本书各个章节需要创建的 php 脚本、脚本需要用到的图像文件、设计 Web 网页外观的格式文件，以及创建数据库所需要的 SQL 脚本文件等。

　　解压后得到的 php 文件夹，保存着以下文件夹和文件。

Table   **php 文件夹的构成**

文件夹·文件	内　容
chapter2	包含 Chapter2 脚本的文件夹
chapter3	包含 Chapter3 脚本的文件夹
chapter4	包含 Chapter4 脚本的文件夹
chapter5	包含 Chapter5 脚本的文件夹
chapter6	包含 Chapter6 脚本的文件夹
chapter7	包含 Chapter7 脚本的文件夹
chapter8	包含 Chapter8 脚本的文件夹
header. php	HTML 文档的头文件
footer. php	HTML 文档的尾文件
style. css	设计 Web 网页外观的 css 样式文件
logo. png	显示在网页上的 logo 图片
product. sql	Chapter6 使用的 SQL 脚本文件
shop. sql	Chapter7 使用的 SQL 脚本文件

在 chapter2 文件夹里面，存放着示例脚本 "welcome. php"。就像这样，每一章都会有对应的文件夹，在文件夹里面会收录对应的示例脚本。想确认示例脚本的时候，可以打开对应的文件夹进行查看。

Fig   **chapter2 文件夹**

显示扩展名

在 Windows 操作系统中，推荐显示 ".php" ".css" ".sql" 之类的扩展名。在 Windows 10 中，在文件资源管理器的工具栏上选择 "查看" 选项卡，勾选 "文件扩展名" 选项。

执行第一个 PHP 脚本

让我们尝试执行 PHP 脚本。第一个 PHP 脚本就是放在 chapter2 文件夹下面的 welcome. php。在 Apache 启动的情况下，在浏览器里面输入下面的 URL。

执行 http：//localhost/php/chapter2/welcome. php

输入上面的 URL，Apache（Web 服务器）会找到下面的 PHP 脚本并执行，然后把执行的结果返回浏览器。

C：\xampp\htdocs\php\chapter2\welcome. php

在 XAMPP 启动的状态下，输入像 "http：//localhost/文件夹名/文件名" 这样的 URL，浏览器就会自动指向 "C：\xampp\htdocs\文件夹名\文件名"。如果以后执行示例脚本的时候，请记住 "http：//localhost" 和 "C：\xampp\htdocs" 的对应关系。

让我们记住！

执行 PHP 脚本的时候，记得指定与脚本相对应的 URL。

⊙ 在使用 Mac OS X 的情况下

在使用 Mac OS X 的情况下，执行脚本所需输入的 URL 和 Windows 中的 URL 是相同的。

不同的是 "http：//localhost" 和 "Applications/XAMPP/htdocs/文件夹名/文件名" 是对应关系。

 显示执行结果

执行示例脚本后，浏览器把执行结果显示在浏览器的页面上。

Fig　welcome. php 的执行结果

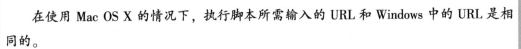

没有显示信息的情况

如果信息没有正确显示在浏览器上，首先从 XAMPP 控制面板上确认 Apache 是否启动了。如果 Apache 没有启动的话，浏览器会显示下面的信息。这种情况是使用 Chrome 的情况下的信息，其他的浏览器有可能会有不一样的显示。

Fig　Apache 没有启动的情况

在 Apache 启动的情况下，解压后放置的文件夹不会造成浏览器显示下面的信息。当出现这种情况的时候，请把示例放在指定的文件夹。

Fig　welcome. php 没有放在合适的文件夹的情况

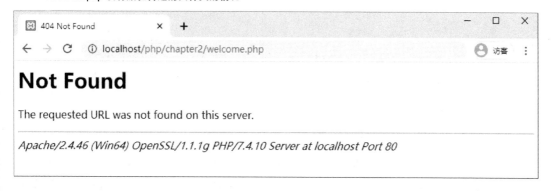

编辑 PHP 脚本

在这里会介绍编辑 PHP 脚本的方法。

让我们对刚才执行的脚本进行一些修改。在这里学习的是用文本编辑器对 PHP 脚本文件进行编辑和执行编辑过的 PHP 脚本的方法。

🥝 准备好文本编辑器

首先需要准备的是文本编辑器。使用 Windows 的话，可以使用自带的"记事本"。当然也有其他优秀的文本编辑器，比如"TeraPad"和"秀丸"，也可以使用这些文本编辑器。

选择文本编辑器的时候，请选择那些可以以 UTF-8 字符编码保存文本文件的编辑器。字符编码是指将计算机内部用来表示文字符号的二进制编码和文字符号相对应的方法。字符编码有很多种。本书使用的是 UTF-8 这种字符编码。使用 Linux 的话，可以使用"vi（vim）"和"Emacs"。使用 Mac OS X 的话，可以使用自带的"文本编辑"或者非自带的"mi"。

关于字符编码，在第 3 章会进行详细的说明。

🥝 对脚本内容进行编辑

让我们对 PHP 脚本进行编辑吧。用文本编辑器打开下面的文件，可以确认 welcome. php 的内容。

C：\xampp\htdocs\php\chapter2\welcome. php

Fig　用"记事本"打开 welcome. php

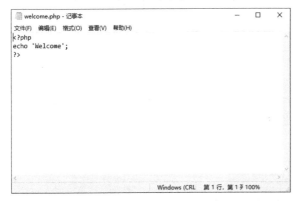

使用 Windows 的情况下，在文件资源管理器中双击脚本文件就可以打开了。第一次打开扩展名为". php"文件时，如果在 Windows 10 环境下，会显示"请选择打开这个文件的方法"对话框。然后选择"其他应用程序"后，选择例如"记事本"之类的文本编辑器。以后打开". php"文件的时候，会自动用选择的文本编辑器打开文件。在编辑之前的 welcome. php 内容如下。

List　🥝 welcome. php （编辑前）　　　　　　　　　　　　　　　　　　　　　　　PHP

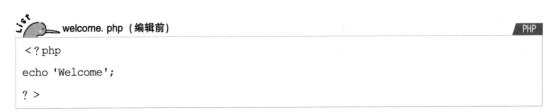

```php
<?php
echo 'Welcome';
?>
```

welcome. php 编辑前的内容按照下面的内容进行更改。做更改的时候和编辑普通文本的方法是一样的。编辑后的内容下面用粉色字标识出来了。

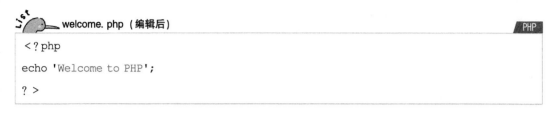

welcome. php（编辑后）　　　　　　　　　　　　　　　　　PHP

```php
<?php
echo 'Welcome to PHP';
?>
```

让我们记住！

脚本的内容需要用英文、数字、半角标点进行编写。

保存 PHP 脚本

编辑结束后，请覆盖保存。在使用"记事本"的情况下，打开"文件"菜单，选择"保存"命令，或者用键盘键"Ctrl" + "S"也可以对文本进行覆盖保存。

将文件另存为的时候，请选择编码为 UTF-8。使用记事本的情况下，在"另存为"对话框下，可以选择编码。在"编码"的选择栏里面选择 UTF-8。

Fig　**使用记事本对 welcome. php 进行保存**

以 welcome. php 的脚本内容来说，选择 UTF-8 以外的编码也不会有问题。但是为了养成以 UTF-8 保存的习惯，每次还是使用 UTF-8 编码保存吧。

让我们记住！

保存 PHP 脚本的时候，编码要选择 UTF-8。

执行保存后的 PHP 脚本

让我们试着执行一下编辑后的 welcome.php。从浏览器中打开下面的 URL。如果已经打开了，就刷新一下浏览器的页面。

 **执行**：http：//localhost/php/chapter2/welcome.php

执行后，浏览器里会显示"Welcome to PHP"的信息。在这里我们修改了浏览器显示的内容。在第 3 章会对关于使用 PHP 脚本改变显示内容进行详细的说明。

多次对内容进行修改，以习惯这样的操作。

Fig 编辑后的 welcome.php 的执行结果

第2章 的总结

在这一章，我们搭建了 PHP 的开发环境。安装了 XAMPP，下载并解压了示例的脚本，也准备了文本编辑器。通过运用实例脚本，学会了执行脚本，编辑脚本。在下一章，我们会学习理解脚本的内容，同时为了能按照预期编写脚本，也会学习 PHP 的语法。

36

第 3 章　第一个 PHP 程序

　　在本章中，我们会通过执行示例的脚本来学习 PHP 的基本语法。创建输出英文或者中文信息的脚本，以及取得用户输入内容并对其进行显示或者运算的脚本。不管怎样，我们通过简单的例子可以学习功能更复杂的知识。

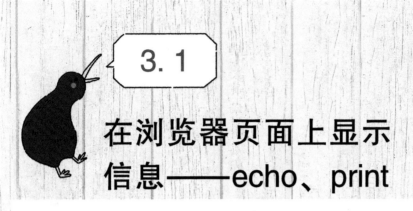

3.1

在浏览器页面上显示信息——echo、print

让我们创建一个显示信息用的脚本。最初显示的是英文"Welcome"。这个脚本的内容是和第2章搭建开发环境后确认执行动作用的脚本，在本章中会具体学习脚本的内容。

▼本节的任务

创建在浏览器的页面上显示信息的PHP脚本，并了解它的工作原理。

Step 1 让我们在浏览器页面上显示信息

在第2章中，我们执行了在浏览器页面上显示"Welcome"的脚本。在这里还是使用现有的脚本来确认显示信息的工作原理。

第3章的脚本内容如下。文件路径是 chapter3\welcome.php。在第3章中介绍的脚本保存在 C:\xampp\htdocs\php 文件夹下面的 chapter3 文件夹里。

welcome.php   PHP

```php
<?php
echo 'Welcome';
?>
```

从 XAMPP 控制面板中启动 Apache。按照第2章的方法，在浏览器中输入下面的 URL 来执行该脚本。

 http：//localhost/php/chapter3/welcome. php

在脚本正确执行的情况下，浏览器页面上会显示［Welcome］。

Fig 浏览器页面上显示的信息

 解 说

<? php 和? >

PHP 脚本的书写以 < ? php 开始，以? > 结束。这一对符号称作 PHP 标签。

< ? php 是开始标签,? > 是结尾标签。在两个标签之间写入脚本要处理的内容。

格式 PHP 标签和脚本内容

```
< ? php
PHP 脚本的内容
? >
```

Step1 的脚本里面，第一行写入的是 < ? php，最后一行写入的是? >。但由于这个脚本只有 PHP 的内容，不用开始标签和结束标签来表示 PHP 脚本的开始和结束也是可以的。

其实，这种用 < ? php 和? >来包住 PHP 脚本的做法，在编写 HTML 和 PHP 的混合脚本时，会起到很大作用。在编写 HTML 和 PHP 混合脚本的时候，HTML 的部分会在浏览器的页面输出。脚本返回的结果基本上都是以 HTML 的形式返回并输出到 Web 网页上的，所以在混合脚本中可以很方便地插入 HTML 的内容。

下面显示的就是 HTML 和 PHP 混合的例子。

Fig HTML 和 PHP 混合

要想让 PHP 的脚本正确地被执行，程序员需要明确地把 HTML 的部分和 PHP 的部分区分开来。只要用 < ? php 和? >把 PHP 脚本框起来，就可以让脚本被执行的时候能够进

PHP 超入门

行区分。对于接下来的脚本，看到被 < ? php 和 ? > 框起来的部分就应该知道，这个部分是由 PHP 执行的脚本内容。

让我们记住！

PHP 负责处理被 < ? php 和 ? > 框起来的内容。

echo

echo 是用来输出信息的时候用到的 PHP 指令。在 Step1 的脚本中，使用 eco 指令输出字符串 "welcome"。

```
echo 'Welcome';
```

echo 的使用方法如下。

格式　echo

```
echo '信息';
```

大部分的浏览器都能够接收脚本输出的信息作为响应，然后将其显示。当脚本输出 "Welcome" 的时候，浏览器就能够在页面显示 "Welcome"。

echo 是回响（山谷里发出的回响的意思）。当输入信息的时候，能够像山谷里面的回响一样返回并输出相同的信息，这个功能经常被称为 echo。PHP 也采用了这样一个命名。虽然上面的例子显示的是英文，但是也同样可以显示中文和数字。

字符串和单引号（'）

排列有多个字符的数据称为字符串。通常一个字符串由多个字符组成，但是也有 0 和 1 这样的数字类型的字符组成的字符串。

在 PHP 中，我们使用 " ' " 把单词或者文章框起来当作字符串进行处理。" ' " 被称为单引号。在显示信息的时候经常会用到字符串。

比如对于 Welcome 这个信息的字符串可以写成 'Welcome'。

同时也可以用双引号 " " " 代替单引号 " ' "，创建这样的字符串 "Welcome"。" " " 被称为双引号。

下面是用双引号代替单引号编写的脚本。文件是 chapter3 \ welcome2. php。和最初的示例脚本相比，有变更的地方用粉色字显示出来了。

welcome2. php

```php
<?php
echo "Welcome";
?>
```

如果要执行上面的脚本的话，可在浏览器里面输出下面的 URL 并打开。

执行 http：//localhost/php/chapter3/welcome2.php

执行的结果和使用单引号的情况下的结果是一样的。单引号和双引号在功能上有一些细微的区别。本书中以使用单引号为主。只有在需要的时候才使用双引号。

让我们记住！

被单引号 " ' " 或者双引号 " " " 框起来的数据被当作字符串进行处理。

双引号的功能

使用双引号的字符串具有以下的功能：对使用的转义序列进行处理（转义序列是用来表示制表符和换行符这种特殊字符的表示方法)，展开字符串中变量的值。

语句和分号（;）

请注意被添加到下面语句末尾的分号（;）。

```
echo 'Welcome';
```

分号是标记语句终结的符号。像 echo 'Welcome'; 这个例子，就表示一个脚本的语句。

在脚本中，语句是一个完成的处理。在一个脚本里面有多个处理的情况下，需要将多个处理分割开来进行编写。如果有多个语句排在一起，会按照从上到下的顺序执行语句。

PHP 超入门

Fig　**用语句表述脚本的处理**

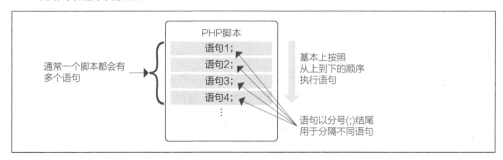

在 Step1 的脚本中，只有一个语句。当有多个语句的时候，脚本的编写会像下面的例子一样。

```
echo 'Welcome';
echo 'to';
echo 'PHP';
```

把上面的脚本翻译出来，就是下面的意思。

显示 Welcome。

显示 to。

显示 PHP。

写文章的时候文末的句号"。"和脚本中语句末尾的分号"；"，在分隔语句这个功能上是相似相通的。

让我们记住！

PHP 脚本语句末尾需要添加"；"。

如果出现错误信息

错误是指脚本的语法错误或者是执行脚本时发生的错误。错误信息是指当 PHP 发现错误的时候，为了通知错误而输出的信息。

脚本程序是很容易出错的。即便是像 Step1 中那样的显示信息如此简单的脚本，也会有出现错误的时候。

在这里让我们使用能够触发错误的脚本，学习如何阅读错误信息以及解决错误的方法。脚本内容如下。文件路径是 chapter3\welcome-error. php。与 Step1 的脚本相比，发生变更的地方用粉色字显示。

虽然这个脚本和 Step1 中的 welcome.php 很像，但执行的时候会出现错误信息。在浏览器中输入并打开下面的 URL 执行该脚本。

执行 http：//localhost/php/chapter3/welcome-error.php

执行后，浏览器的页面上会出现错误信息。

Fig 错误信息

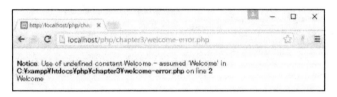

解读错误信息

当执行的脚本中有错误的时候，PHP 会提供错误的大概位置和修改错误建议的信息。这个信息就是错误信息。上面的脚本被执行后会出现如下错误信息。

Notice: Use of undefined constant Welcome - assumed 'Welcome' in C:\xampp\htdocs\php\chapter3\welcome-error.php on line 2 Welcome

错误信息的内容如下。

注意：在下面的脚本中使用了没有定义的常量 Welcome - 推测为字符串 'Welcome'。错误发生在 C：\xampp\htdocs\php\chapter3\welcome-error.php 第 2 行的位置 Welcome。

在修正脚本的时候，一样要先阅读错误信息，找到线索。在上面的信息中可以知道错误发生在 welcome-error.php 的第二行，所以去检查脚本的第 2 行。

```
echo Welcome;
```

本来应该写成 " 'Welcome' " 的地方，被写成了 "Welcome"。由于忘记了加上单引号，所以 PHP 没有办法把 "Welcome" 作为字符串进行处理。错误的脚本语句表达的意思是 "显示 Welcome 这个常量的内容"。

常量是脚本内用来表示字符串和数值之类数据的标识符。要在脚本中使用常量，需要提前定义常量并指定需要常量所表示的内容。但是上面的脚本中并没有指定常量的内

PHP 超入门

容。之所以没有指定常量是因为程序员本来就没有使用常量的打算。

在执行的时候，即便 PHP 想要显示常量的内容，但由于关键的常量内容并没有被指定，所以才会输出错误信息。

关于常量，后面会做详细的解说。

Fig　字符串和常量执行时的区别

根据提示修改脚本

其实错误信息包含着很有用的信息。在提示可能出错的地方，也会给出［这里是不是想要指定为字符串？］之类的建议。

错误信息中包含的信息：

▶ 错误的位置（哪个文件，在哪行）。

▶ 错误的理由。

▶ 错误的解决方法。

建议读取错误信息中的信息，然后有效利用。这和毫无头绪地尝试修改比起来，应该能够更快速地解决问题。

在上面的错误信息的最后一行显示的"Welcome"，是 PHP 按照推测的修改方法执行后的结果。由于这个是程序本来想要得到的结果，所以只要按照建议进行修改，就很有可能得到想要的脚本。根据上面的例子，按照错误信息对脚本进行修改后的脚本内容如下。

```
echo 'Welcome';
```

这个和 3.1 节 Step1 的脚本内容是一样的，也是正确的脚本。

 让我们记住！

错误信息会给出错误的位置以及修正方法的提示。

如何处理错误信息

你肯定会有"直接让 PHP 自动修改脚本，不就不需要手动修改了吗？"这样的疑问。但是会产生错误信息就表明程序员并没有按照预期编写脚本。

如果允许 PHP 自动修改脚本并执行的话，执行的脚本和编写的脚本内容就会不一样。换句话说，不能保证脚本可以按照程序员的预期进行工作。

真的是这样的话，就会变成程序员没有办法掌控程序执行内容的情况。程序员将会为不知道这个程序能按预期执行到什么时候，而担惊受怕。

Fig 出现错误信息的时候

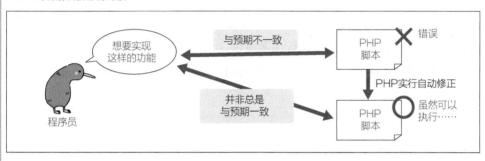

在理想的情况下，程序员应该通过了解错误的原因来消除错误，并且也需要理解错误被解决的原因，以达到对脚本的执行方式的全面掌控。在了解了在什么情况下脚本会按预期执行后，也可以安心使用脚本并向客户交代。

step 3 使用 print 显示信息

在输出信息的时候，也可以用 print 代替 echo。如果在网上搜索 PHP 脚本，有可能碰到使用 print 的情况。

让我们尝试着使用 print 输出信息，脚本内容如下。文件路径是 chapter3 \ welcome3. php。和 Step1 的脚本相比，有变更的地方用粉色字进行标识。

List welcome3. php

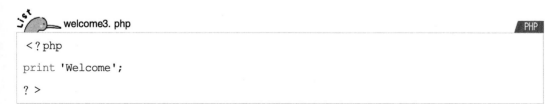

```
<?php
print 'Welcome';
?>
```

在浏览器的地址栏输入以下 URL，执行该脚本。

执行 http：//localhost/php/chapter3/welcome3. php

正确执行后，会和 Step1 一样在浏览器页面上显示 "Welcome"。

解　说

print

print 的使用方法如下。

格式　print

```
print '信息' ;
```

echo 和 print 都能用来输出信息。本书主要使用 echo。理由如下：

► 在 PHP 中，通常 echo 被认为执行速度更快（输出结果所需要的时间更少）。

► echo 有结合多个字符串和数值然后输出的功能。在本书中这样的应用场景很多。

◎ Heredoc 结构

　　Heredoc 是用来表示多行字符串的结构。和 echo 以及 print 一起使用，可以输出多行的信息。比如下面的例子，可以输出 welcome, to 和 PHP 这 3 行的内容。在 < < < 之后可以指定标识符（这里指定的是 END），来作为字符串的结束标志。虽然本书的脚本中并没有关于 Heredoc 的记述，但它在各种各样的 PHP 脚本中被广泛使用。

```
echo < < <END
Welcome
to
PHP
END;
```

3.2

显示中文的信息——HTML、字符编码

　　接下来创建显示中文信息的脚本。在上一章我们实现了显示英文信息 "Welcome"，这次将显示"欢迎"的中文信息。要想正确显示中文，需要了解字符编码的概念，以及用 PHP 生成 HTML 的方法。

▼ 这节的任务

PHP　欢迎

> 让我们学习
> 显示中文信息的方法。

Step 1　创建显示中文信息的脚本

　　让我们尝试着创建输出中文"欢迎"信息的脚本，内容如下。文件路径是 chapter3\welcome-utf8.php。保存文件的时候，请选择 UTF-8 编码。

　　welcome-utf8.php　　　　　　　　　　　　　　　　　　　　`PHP`

```php
<?php
echo '欢迎';
?>
```

　　在浏览器中输入并打开下面的 URL 执行该脚本。

`执行`　http://localhost/php/chapter3/welcome-utf8.php

　　正确执行后，浏览器会显示中文"欢迎"。

Fig　中文信息

　解决乱码问题

让我们和 Step1 一样，创建输出中文"欢迎"的脚本吧，脚本内容如下。内容和 Step1 一模一样。

文件路径是 chapter3\welcome-sjis. php。这次在保存文件的时候，我们选择 Shift_JIS 编码。

List　welcome-sjis. php　　　PHP

```php
<?php
echo '欢迎';
?>
```

在浏览器中输入并打开下面的 URL 执行该脚本。

执行　http：//localhost/php/chapter3/welcome-sjis. php

页面的执行结果和浏览器种类或者其他设定有关，有时候并不会出现中文的"欢迎"而是出现下图那样乱码的情况。

Fig　乱码的信息

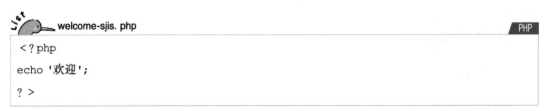

　解　说

字符编码

Step1 和 Step2 的脚本虽然看起来一样，但是执行结果却不一样。在笔者编写的环境中，Step2 并没有显示出预期的"欢迎"，却变成了无法识别的显示内容。显示变得奇怪的原因和字符编码有关。字符编码是一种用于在计算机内部表示字符的方法。

计算机上使用的字符会按类型编号。例如字符"A"的编号是65。字符"b"的编号是98。计算机使用这样的编号来实现字符的存储、发送和接收。

用于规范字符和编号的对应关系的系统称为字符编码。Step1 中保存"welcome-utf8. php"的时候选择了 UTF-8 的编码。Step2 中保存"welcome-sjis. php"的时候选择了 Shift_JIS 的编码。

碰巧笔者的浏览器设置的字符编码是 UTF-8。在这种情况下，Step1 中按照 UTF-8 编码输出的信息能够被正常显示，Step2 中按照 Shift_JIS 编码输出的信息由于被错误的编码解码，所以会出现乱码的情况。反之，如果使用设置 Shift_JIS 为编码的浏览器去显示 Step1 中的 UTF-8 编码信息时，也会出现乱码。

Fig 没有正确指定字符编码的时候显示的信息就会是乱码

不管是 Step1 还是 Step2 的方法，由于浏览器设置的问题都有可能使得显示的信息是乱码。这种问题的解决方案是把信息以 HTML 文档的形式进行显示。HTML 则有指明使用字符编码的方法可以防止乱码。所以在输出信息的时候，推荐使用 HTML 的形式。

让我们记住！

使用不一样的字符编码有可能使字符串的显示出现乱码。

用 HTML 输出信息

为了使浏览器的设置不论是什么都能够正确地显示中文信息，需要把 PHP 脚本的执行结果以 HTML（HyperText Markup Language）的形式进行输出。许多网页都是用 HTML 编写的。HTML 文档可以把自己使用的字符编码信息传给浏览器，所以浏览器可以根据 HTML 传过来的信息选择合适的字符编码对信息进行显示。

让我们创建以 HTML 文档形式输出的脚本，脚本内容如下。文件路径是 chapter3\welcome-html. php。和 Step1，Step2 相比，变更的地方用粉色字显示了出来。

保存文件时，选择 UTF-8 编码。本书中没有特别指定的话，所有的文件都以 UTF-8 的编码保存。

List　welcome-html. php　　　　　　　　　　　　　　　　　　　　　PHP

```
<! DOCTYPE html >
< html >
< head >
< meta charset = "UTF - 8" >
< title > PHP Sample Programs < /title >
< link rel = "stylesheet" href = "../style.css" >
< link rel = "stylesheet" href = "style.css" >
< /head >
< body >
<? php
echo '欢迎';
? >
< /body >
< /html >
```

在浏览器中输入并打开下面的 URL 执行该脚本。

执行　http：//localhost/php/chapter3/welcome-html. php

执行后，不管浏览器设置成什么编码都能够显示中文"欢迎"。在 HTML 的 < body > 标签里面包含了 PHP 脚本的执行结果，可以把执行结果以 HTML 文档的形式进行输出。同时为了页面的美观，还加入了 logo 作为装饰。

Fig　通过 HTML 指定字符编码的信息

　解　说

　HTML 部分的含义

关于脚本中 HTML 的部分，我们会逐行说明。关于在脚本中的 PHP 内容前面部分的说明如下。

Table 脚本中的 HTML 部分（前半部分）

内　　容	含　　义
＜！DOCTYPE html＞	定义文档类型为 HTML5
＜html＞	表示 HTML 文档的开始
＜head＞	关于记述文档信息的区域的开始
＜meta charset ="　UTF-8"　＞	指定字符编码为 UTF-8
＜title＞PHP Sample Programs＜/title＞	指定页面标题
＜link rel ="　stylesheet" href ="　../style.css"　＞	使用美化 Web 网页外观的 css 样式
＜link rel ="　stylesheet" href ="　style.css"　＞	各个章节的文件夹下面存在追加的样式文件的时候也会被使用
＜/head＞	关于记述文档信息的区域在这里结束
＜body＞	浏览器页面上显示的信息写在这个标识符后面

PHP 内容后面的 HTML 部分的说明，如下所示。

Table 脚本中的 HTML 部分（后半部分）

内　　容	含　　义
＜/body＞	表示浏览器显示信息的区域在这里结束
＜/html＞	表示 HTML 文档的结束

上面的内容中，重要是指定字符编码为 UTF-8 的地方。

```
<meta charset ="UTF-8">
```

虽然本书中使用的字符编码是 UTF-8，即便换成其他字符编码，PHP 脚本的编写方法也是一样的。不一样的地方是，保存文件的时候需要选择对应的字符编码，并在＜meta＞标签中指定对应的 charset。

另外，为了让示例的输出内容更好看，这里使用了简单的样式文件。因为样式文件的 css 文件（style.css）与 PHP 脚本没有关系，所以这里就不做说明了。但是它可以从本书的支持页面和示例一起下载下来。

确认输出的 HTML 文档

在 Step3 的脚本功能是把 PHP 处理得到的 "欢迎" 信息输出。其他的 HTML 文档写在了 PHP 标签的外面。

执行脚本的时候，进行了如下的输出过程。

▶ HTML 的部分→按照原样输出。

▶ PHP 的部分 → 输出 PHP 的执行结果。

通过显示阅读网页源代码，可以确认实际输出的过程。这里让我们确认一下 Step3 的输出过程。执行 Step3 的脚本，在显示"欢迎"的状态下，显示网页源代码。

浏览器是 Chrome 的话，在显示信息的页面单击鼠标右键❶打开菜单，从菜单里面选择"查看网页源代码"❷。笔者得到的网页源代码如下。

```
<! DOCTYPE html >
<html >
<head >
<meta charset = "UTF-8" >
<title >PHP Sample Programs </title >
<link rel = "stylesheet" href = "../style.css" >
<link rel = "stylesheet" href = "style.css" >
</head >
<body >
欢迎 </body >
</html >
```

Fig 查看网页源代码

让我们把在 Step3 的脚本内容和网页源代码做个比较。PHP 的部分，在网页源代码中被脚本输出的"欢迎"所替代了。

还有 HTML 的部分，</body >标签前面的换行符也不一样了，其他的内容是一样的。HTML 文档中的换行符，在浏览器显示的时候会被忽略，所以换行符的位置不一样也不会有问题。

在创建脚本的时候，可以好好利用查看网页源代码这个功能。没有得到预期的页面结果时，通过确认网页源代码，大多数的情况下都能知道问题的原因。

正确使用 HTML 部分和 PHP 部分

就像我们学习的那样，在 PHP 脚本中，HTML 部分和 PHP 部分是可以混合在一起使用的。关于这两个部分的使用方法，推荐大家用以下方法将两者分开使用。

▶ HTML 部分 → 通常输出固定不变的内容。

▶ PHP 部分 → 根据情况拥有不同的输出内容。

在 Step3 中，开头的 HTML 标签和结尾的 HTML 标签属于固定不变的内容，可以写在 HTML 的部分。在本书后面的脚本中，也属于 HTML 的部分。

另一方面，被框在 <body> 标签和 </body> 标签之间的部分，也就是在浏览器页面上需要显示的内容，则属于 PHP 的部分。在 Step3 中，虽然这个部分并没有根据情况发生变化的要素，但是今后可以根据不同情况来创建拥有不同输出要求的脚本。

echo 标签

就像 <? php echo '欢迎'; ?> 一样，只有一个 echo 指令的话，可以用更短的语句进行脚本的编写。

    <? = '欢迎' ?>

在 HTML 部分中，如果只是混入了很少的 PHP 部分，这种写法会方便很多。PHP5.4.0 以后的版本，不需要特别的设置就能使用这种编写方法。

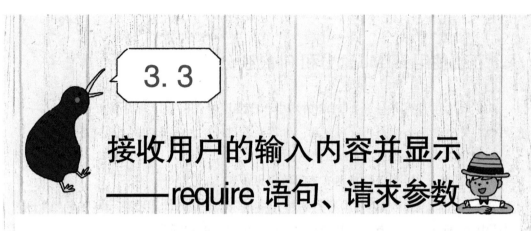

3.3

接收用户的输入内容并显示
——require 语句、请求参数

这一节我们终于要完成需要通过编程才能实现的功能了。我们将学习如何对用户输入的内容进行处理，然后显示在浏览器页面上。接下来创建一个让用户输入自己的名字，然后附上问候语显示在浏览器页面上的脚本。

▼这节的任务

PHP	请输入姓名。
	［　　　　　　］ 确定
PHP	

PHP	请输入姓名。
	［松浦 健一郎］ 确定
PHP	

| PHP | 欢迎您，松浦 健一郎先生/女士。 | 接收输入的信息，
并将处理后的信息显示在浏览器页面上。 |
| --- | --- | --- |
| PHP | | |

显示输入用的文本框

购物网站，通常向用户显示问候语，例如"○○先生/女士，您好"。一般在这种应用场景下，通常会从登录的会员信息里面取得用户名，但是现在为了简化程序，这里让用户输入自己的名字。

首先，显示一个页面供用户输入名称。脚本内容显示如下。文件路径是 chapter3 \user-input. php。

在浏览器中输入并打开下面的 URL 执行该脚本。

执行 http：//localhost/php/chapter3/user-input. php

List user-input. php PHP

```
<?php require '../header.php'; ?>
<p>请输入姓名。</p>
<form action = "user-output.php" method = "post">
<input type = "text" name = "user">
<input type = "submit" value = "确定">
</form>
<?php require '../footer.php'; ?>
```

正常运行的时候，会出现请输入名字的文本框，以及用于提交输入内容用的"确定"按钮。在 <p> 标签中的文本也会一起被显示出来。本书中关于使用 <p> 标签标注出来的文本，除非有特别需求，否则不做说明。

Fig 接收用户输入内容的页面

解 说

将反复使用的部分整理成另外的文件（require 语句）

在多个脚本中，可能会重复使用某一个部分。在这种情况下，通常会将使用的通用部分保存在另一个文件中，然后从脚本中读取该通用脚本的部分。这个做法有以下的优点：

▶ 省去重复编写相同内容的麻烦，并且脚本也更加简洁。

▶ 如果想要更改通用脚本的内容，不需要一个一个地更改多个脚本，只需要对通用脚本的文件进行一次变更就可以了。

PHP 的 require 语句具有用来读取并执行其他文件中的脚本内容的功能。由于 require 语句可以加载其他 php 文件，所以我们可将脚本拆分成多个文件来进行整理。

require 语句的使用方法如下。读取并执行指定的脚本文件。

格式 require

```
require '文件名';
```

PHP超入门

Step1 的脚本中，使用以下的 require 语句加载并执行 header. php。

```
<?php require '../header.php'; ?>
```

同时也使用以下的 require 语句加载并执行 footer. php。

```
<?php require '../footer.php'; ?>
```

"../" 表示要执行的 PHP 脚本的上一级文件夹。文件夹结构如下所示。

Fig　**文件的文件夹结构**

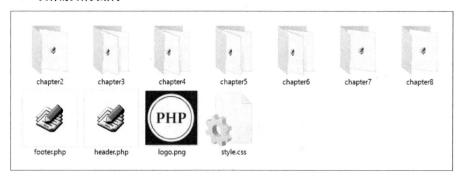

Step1 的脚本 （user-input. php） 在下面的文件夹里面。

c：\xampp\htdocs\php\chapter3

header. php 和 footer. php 在下面的文件夹里面。

c：\xampp\htdocs\php

header. php 的脚本内容如下。记述了 HTML 文档的头部元素。

```
<! DOCTYPE html >
<html >
<head >
<meta charset = "UTF - 8" >
<title > PHP Sample Programs </title >
<link rel = "stylesheet" href = "../style.css" >
<link rel = "stylesheet" href = "style.css" >
</head >
<body >
```

footer. php 的内容如下。它记述了 HTML 文档的尾部元素。

```
</body >
</html >
```

header. php 与 footer. php 的内容和在 3.2 节介绍的脚本中的头部和尾部的内容是一样的。在之后的脚本中，我们都会以 HTML 文档的形式输出。为了今后不用每次都编写同样的内容，这里将每次都需要用到的内容整理成header. php 和 footer. php，用到的时候只需要用 require 语句对其进行加载就可以了。

身边有计算机的人，可以在浏览器中执行 Step1 的脚本，检查显示的信息是否正常。如果没有正常显示，请检查一下 header. php 和 footer. php 是否放在了正确的文件夹中。

header. php 和 footer. php、logo. png、style. css 都可以从本书的支持页面上下载。

让我们记住！

将重复使用的脚本内容整理出来，以便可以用 require 在需要的时候对其重复利用。

显示输入表单

使用表单接收用户输入内容并输出的流程为，在输入表单中输入的内容被送到输出脚本，然后输出脚本把处理的结果显示在输出页面。

Fig 接收输入内容并输出

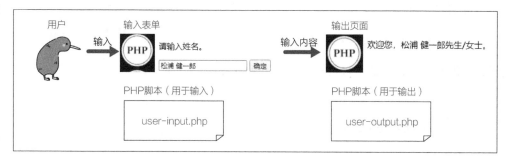

这里我们将按顺序创建输入表单，输出表单的脚本。在 Step1 中，使用 HTML 创建接收用户输入的表单页面。

Step1 的脚本中创建表单部分的脚本内容如下所示。

```
<form action = "user-output.php" method = "post" >
...
</form>
```

使用 < form > 标签表示输入表单创建的开始。使用 </form > 标签表示输入表单创建的结束。在 < form > 和 </form > 之间，记述了这个表单使用的控件。控件是指用于接收用户输入内容的部件。

Fig　使用<form>标签创建输入表单

<form action="user-output.php" method="post">

<input type="text" name="user">　←── 文本框

<input type="submit" value="确定">　←── 按钮

</form>

文本框

　　我们使用<input>标签，在页面上设置用于文本输入的控件：文本框。在 type 的属性中填入 text 的话，这个控件就会变成文本框。当然属性的值需要用双引号" 框起来，为 "text"。

```
<input type = "text" name = "user">
```

按钮

　　同样，使用<input>标签，可以在页面上设置用于提交的按钮。type 的属性填写 submit 的话，控件就会变成把网页上的表单内容发送给 Web 服务器的按钮。value 属性的值会显示在按钮上面。这里为了让用户明白这个按钮的作用，所以在文本框旁边显示了含有"确定"字样的按钮。

```
<input type = "submit" value = "确定">
```

　　至于文本框和按钮以外的控件使用方法，在第 4 章会有介绍。

 ### step 2　从文本框获取数据

　　创建脚本，从文本框里面取得输入的字符串，然后在浏览器页面上把字符串显示出来。脚本内容如下。文件路径是 chapter3\user-output. php。第一行和最后一行是加载重复处理内容的 require 语句。

user-output. php   PHP

```php
<?php require '../header.php'; ?>
<?php
echo '欢迎您,', $_REQUEST ['user'], '先生/女士。';
?>
<?php require '.. /footer. php'; ?>
```

让我们在浏览器中输入如下 URL，尝试着执行这个脚本。脚本的执行需要从 Step1 创建的输入表单页面开始。

执行 http：//localhost/php/chapter3/user-input. php

在文本框中❶输入名字，单击"确定"按钮❷。比如输入"松浦 健一郎"，就会显示"欢迎，松浦 健一郎先生/女士"。尝试多次输入其他的名字，以了解其工作原理。需要返回输入页面的时候，在浏览器单击"返回"按钮。

Fig 输入的名字和信息一起被显示出来

 解 说

提交表单时的工作机理

单击表单的按钮后，控件的值会被发送到输出脚本。输出脚本需要在 < form > 标签的 action 属性中指定。被指定的脚本将根据表单的状态进行相关处理。让我们再次确认一下 Step1 脚本中的 < form > 标签内容。

```
< form action = "user-output.php" method = "post" >
```

在 action 属性中，指定了脚本 user-output. php。单击"确定"按钮后，Step2 脚本将会被执行。

method 属性中的 post 指的是在 HTTP 中的一种将表单内容发送到服务器的方法。也有书写成大写 POST 的。另一方面，method 属性中也可以指定 get（GET）。get 本来是用来从服务器取得文件的，但是将表单内容发送到服务器的时候也可以用它。

在表单内容被发送给服务器的时候，我们推荐使用 post。能够发送的数据容量比较大，发送的数据内容不容易被其他用户看到（更加安全），是 post 的优点。

 让我们记住！

在 < form > 标签的 action 属性中指定输出脚本。

请求参数

让我们再确认一下 Step1 的脚本中，关于文本框的 < input > 标签。

```
< input type = "text" name = "user" >
```

在 name 属性中指定了 user。另一方面，在 Step2 的脚本中也有指定 user 的地方。

```
echo '欢迎您,', $_REQUEST ['user'], '先生/女士。';
```

表单输入的内容被以请求参数的形式发送给 Web 服务器。请求参数是指向 Web 服务器发出请求时一起发送的和请求相关的附加信息。

Web 服务器在执行脚本的同时，也会把请求参数发送给脚本。脚本会在接收到请求参数的值后，根据参数的值进行后续的处理。

一次请求可以发送多个请求参数。

为了区别多个请求参数，需要给它们起名字。本书把这个名字称为请求参数名。

在文本框的 name 属性中指定的 "user" 就是请求参数的名字。输出脚本中，通过指定相同的请求参数名 "user"，就可以获取文本框中输入的内容。

Fig   请求参数的工作机理

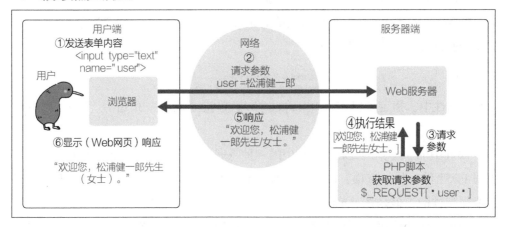

让我们记住！

控件的 name 属性值就是请求参数名。

取得并显示请求参数名

用脚本取得请求参数的时候，需要用到下面的格式。

格式　**获取请求参数**

```
$_REQUEST ['请求参数名']
```

用请求参数的名字获取想要的请求参数。例如，想要获取名字为"user"的请求参数时，写法如下。

```
$_REQUEST ['user']
```

如果在文本框中输入"松浦 健一郎"，按照上面的写法会获取"松浦 健一郎"这个字符串。

可以使用 echo 把获取的字符串打印出来。以下脚本会显示"松浦 健一郎"这样的信息。

```
echo $_REQUEST ['user'];
```

在 echo 指令的后面，可以用逗号，把多个值分隔开来以显示多个值。这里的值是指数值或者字符串之类的数据。比如下面的脚本可以显示"欢迎您，松浦 健一郎先生/女士。"这样的信息。

```
echo '欢迎您,', $_REQUEST ['user'], '先生（女士）。';
```

上面的脚本把下面 3 个值串联在了一起进行了输出显示。

Table　**串联的值**

值	类　　型
'欢迎您, '	字符串
$_REQUEST ['user']	请求参数（字符串）
'先生/女士。'	字符串

$_REQUEST

$_REQUEST 是取得请求参数时用的功能。PHP 语法上，$_REQUEST 是一种变量。变量是用于存储值的机制。$_REQUEST 这个变量可以存储请求参数的值。

Fig　变量和 $_REQUEST

 让我们记住！

$_REQUEST 会存储请求参数的值。

🔘 直接打开输出页面时出现的错误解决方案

不使用 Step1 的输入页面，直接打开 Step2 的脚本时，在浏览器页面上会出现错误信息。在浏览器中打开下面的 URL 试试看。

执行　http：//localhost/php/chapter3/user-output.php

在页面上会出现以下的错误信息。

欢迎您、

Notice：Undefined index：user in C：\xampp\htdocs\php\chapter3\user-output.php on line 3 先生/女士。

［Notice：］那一行是错误信息。意思如下。

注意：user 是个未定义的索引。错误发生在 C：\xampp\htdocs\php\chapter3\user-output.php 的第 3 行。

发生错误的地方如下所示。

```
$_REQUEST ['user']
```

就像刚才说明的那样，$_REQUEST 用来存储请求参数。请求参数会在输入页面被输入，然后发送给 Web 服务器，不通过输入页面直接进入输出页面的话，请求参数就会变成未定义的变量。实际情况是 $_REQUEST ['user'] 并没有被定义，所以发生了错误。要想解决这个问题，可以编写如下的脚本。文件路径是 chapter3\user-output2.php。和 Step2 中内容有变更的地方，用粉色字显示出来了。

user-output2. php

`PHP`

```php
<?php require '../header.php'; ?>
<?php
if (isset($_REQUEST['user'])) {
    echo '欢迎您、', $_REQUEST['user'], '先生（女士）。';
}
?>
<?php require '../footer. php'; ?>
```

在浏览器中打开以下 URL，执行脚本。

执行 http：//localhost/php/chapter3/user-output2. php

和 Step2 的脚本不一样，这次没有显示错误信息，也没有显示"欢迎，○○先生/女士"的信息。

发生错误的原因是通过 $_REQUEST['user'] 想要获取的请求参数［user］没有被定义导致的。在上面的脚本中，只要判断变量是否被定义，确保变量被定义的时候才显示信息，就能避免错误的发生。这里我们使用了 if 语句对请求参数是否被定义进行判断，只有被相关参数定义的时候，信息的显示处理才会被执行。

If 在第 4 章会做介绍，它是条件分支的一种，只有当条件成立的时候，才会对｛｝内的语句进行处理。

Isset 在第 5 章会做介绍，它是一种函数，它会调查变量是否被定义。

按照上面的脚本内容编写，就可以避免"即使没有从输入页面打开而是直接打开输出页面时"发生的错误。但是这个和 Step2 的脚本比较起来，稍微复杂了一点。之后本书将优先考虑脚本的简洁性，省略了避免该错误信息出现的脚本内容。

用户输入了 HTML 标签时的解决方案

关于 Step2 的脚本，还有一点需要考虑到。那就是当用户输入 HTML 标签时的解决方案。

在浏览器中打开下面的 URL，输入页面。

执行 http：//localhost/php/chapter3/user-input. php

在文本框中，输入"＜h1＞松浦 健一郎＜/h1＞"这样的字符串，单击"确定"按钮。你会发现名字前面被换了行，而且字体也变大了。

PHP 超入门

Fig　输入 HTML 标签时的输出页面

　　这是因为输入的 HTML 标签 <h1> 会让字体变大。脚本会照样把用户输入的内容作为 HTML 内容显示出来，浏览器就按照标签的效果显示了字符串。

　　如果想要让用户输入的 HTML 标签无效，可以按照下面的脚本进行编写。文件路径是 chapter3\user-output3.php。和 Step2 相比，有变更的地方用粉色字显示出来了。

List　user-output3.php　　　　　　　　　　　　　　　　　　　PHP

```php
<?php require '../header.php'; ?>
<?php
  echo '欢迎您,', htmlspecialchars($_REQUEST['user']), '先生/女士。';
?>
<?php require '../footer.php'; ?>
```

　　想要使 HTML 标签无效，需要把 $_REQUEST['user'] 写成 htmlspecialchars($_REQUEST['user'])。htmlspecialchars 是一种让 HTML 中有特殊效果的字符串失去效果的函数。它可以提高用户输入信息，保存信息时的安全性。

　　虽然使用 htmlspecialchars 可以提高安全性，但是会让脚本变得复杂。之后本书将优先考虑脚本的简洁性，省略了 htmlspecialchars 函数的使用。

　　关于 htmlspecialchars 用法，会在第 6 章进行解说。

3.4
根据单价和数量计算总价
——运算符、变量

让我们创建根据单价和数量计算总价的脚本。通过创建脚本，学习运用运算符和变量。运算符是指用于计算的符号。例如 " + " 代表加法，" * " 代表乘法。另外学习定义变量让内容的显示和计算变得更加灵活的方法。

▼ 本节的任务

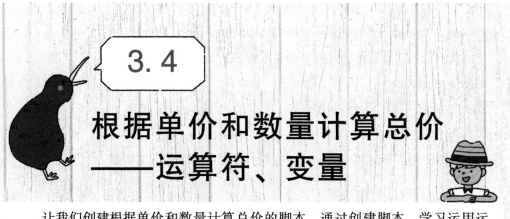

根据输入的数字对其进行计算，最后把计算的结果显示在浏览器页面上。

Step 1　创建单价和数量的输入界面

让我们创建单价和数量的表单的输入页面。脚本内容如下。文件路径是 chapter3 \ price-input. php。

price-input. php　　　　　　　　　　　　　　　　　　　　　　　　　　PHP

```php
<?php require '../header.php';?>
<form action="price-output.php" method="post">
单价 <input type="text" name="price"> 日元
×
数量 <input type="text" name="count"> 个
<input type="submit" value="计算">
</form>
<?php require '../footer.php';?>
```

在浏览器中打开以下 URL，执行脚本。

执行 http：//localhost/php/chapter3/price-input. php

正确执行后，会显示单价和数量的文本框，以及"计算"按钮。

Fig 单价和数量的输入页面

这个脚本使用了下面两个 < input > 标签，配置了两个输入文本框。

```
< input type = "text" name = "price" >
< input type = "text" name = "count" >
```

在 name 属性中使用的是 price 和 count。所以对应的请求参数名就是 ［price］和 ［count］。

Step 2 使用运算符计算总价

让我们创建一个脚本，从 Step1 的输入页面取得单价和数量的值，计算总价。脚本内容如下。文件路径是 chapter3 \ price-output. php。

List price-output. php   PHP

```php
< ?php require '../header.php';? >
< ?php
echo $_REQUEST ['price'], '日元 × ';
echo $_REQUEST ['count'], '个 = ';
echo $_REQUEST ['price'] * $_REQUEST ['count'], '日元';
? >
< ?php require '.. /footer. php';? >
```

从 Step1 的输入页面开始，执行这个脚本。例如输入内容是单价为 120 日元❶，数量为 5 个❷，单击"计算"按钮❸后，页面会显示"120 日元×5 个 =600 日元"的信息。

Fig 计算总价

解 说

取得请求参数和计算

单价和数量（接收来自输入文本框）的请求参数名分别是 price 和 count。使用 $_REQUEST获取这些请求参数的脚本如下。

```
$_REQUEST ['price']
$_REQUEST ['count']
```

脚本可以通过 $_REQUEST 接收请求参数，从而获取文本框中的值，然后对其进行处理。

运算符

单价乘以数量等于总价。在脚本中进行运算的时候，需要用到运算符。进行计算的处理过程称为"运算"。表示各种运算类型的符号称为运算符。

乘法的运算符是 $*$。使用"$*$"计算总价的公式是"单价 $*$ 数量"。实际的脚本如下。

```
$_REQUEST ['price'] * $_REQUEST ['count']
```

为了方便阅读上面的公式，在运算符前后加入了空格，像下面那样没有空格的书写也是可以的。

```
$_REQUEST ['price'] * $_REQUEST ['count']
```

Step2 的脚本使用 echo 在页面上显示总价，总价后面追加了"日元"的单位。

```
echo $_REQUEST ['price'] * $_REQUEST ['count'], '日元';
```

在脚本中，虽然乘法的运算符不是"×"而是"$*$"，但是使用方法和普通的运算符是一样的。PHP 中还有其他运算符。下面我们介绍一些常用的运算符。除了四则运算符以外，还有赋值和比较的运算符。之后会进行详细的说明。

Table　运算符（部分）

运 算 符	含 义
$*$ $*$	幂运算（指数运算）
++ --	加 1 减 1

（续）

运 算 符	含 义
!	逻辑（否定）
* / %	乘法、除法、余数
+ - .	加法、减法、字符串串联
< <= > >=	比较逻辑（小于、小于等于、大于、大于等于）
== ! =	比较逻辑（等于、不等于）
&&	逻辑（和）
| |	逻辑（或）
=	赋值

运算符之间是有优先级别的。运算按照从优先级别高到低的顺序进行。例如计算"2 + 3 * 4"的时候，和"+"比起来，"*"的优先级别比较高，所以"3 * 4"的运算会先进行。上面的表格中，越往上的运算符优先级别越高。

 让我们记住！

脚本中的计算需要用到运算符。

 浮点数

PHP 在做除法的时候，如果不能将其整除，结果中就会带有小数部分。没有小数部分的数字有时被称为整数，而有小数部分的数字有时被称为实数或浮点数。

 使用变量进行计算

变量是用来存储数值的机制。如果使用适当的变量，脚本会变得简洁，容易理解，能记述复杂的计算等效果。

在这里，让我们使用变量重新编写 Step2 的脚本。脚本内容如下。文件路径是 chapter3\price-output2. php。

price-output2. php `PHP`

```php
<?php require '../header.php';?>
<?php
$price = $_REQUEST ['price'];
$count = $_REQUEST ['count']; echo $price, '日元×';
echo $count, '个=';
echo $price* $count, '日元';
?>
<?php require '../footer.php';?>
```

然后需要修改输入页面的脚本，使 price-output2. php 可以从输入页面被指定和执行。和 Step1 的脚本相比，有更改的地方用粉色字显示。文件路径是 chapter3 \ price-input2. php。

price-input2. php `PHP`

```php
<?php require '../header.php';?>
<form action="price-output2.php" method="post">
单价 <input type="text" name="price">日元
×
数量 <input type="text" name="count">个
<input type="submit" value="计算">
</form>
<?php require '../footer.php';?>
```

在浏览器中打开以下 URL，执行脚本。price-input2. php 的内容和 Step1 的 price-input. php 相比，除了表单发送信息的时候执行的是 price-output2. php 脚本以外，其他都是一样的。

执行 http：//localhost/php/chapter3/price-input2. php

在文本框中输入单价和数量，单击“计算”按钮，就可以和 Step2 显示同样的计算总价的内容了。

 解 说

 变量

要使用变量，必须先为变量命名。变量的名称被称为变量名。变量名称具有以下

规则。

▶ ① 变量名前需要加美元符号（$）。

▶ ② 第一个字母使用字母或下画线（_）。

▶ ③ 第二个字母以后使用字母、数字或下画线。

▶ ④ 区分大小写。

此外，字符编码从 127 到 255 的字符也可以用于变量名，但是为了便于理解，本书只使用字母、数字和下画线。

例如下面的变量名是有效的。

$price

$price2

$price_tag

"$123price" 是无效的变量名，因为根据规则②第一个字符不能使用数字。另外，关于 "$price" 和 "$Price"，根据规则④区分大写字母和小写字母，我们可以知道这两个是不同的变量。建议变量名使用英文单词和多个英文单词的组合。当然，像 "$i" 和 "$j" 这样，使用只有一个字母的变量名也是可以的。

让我们记住！

使用变量时，首先需要根据规则给变量命名。

🔘 预定义变量

变量可以由程序员自己定义并使用，但是也有像 $_REQUEST 那样 PHP 预先定义的变量。不能重新定义 PHP 预先准备的变量。

以下是 PHP 中定义的变量。摘录了与本书有很深关系的变量。

Table　Python 版本和更新时间

变　量　名	作　用
$_REQUEST	HTTP 的请求参数集（GET 和 POST）
$_GET	HTTP 的 GET 请求参数
$_POST	HTTP 的 POST 请求参数
$_FILES	有关上传文件的信息
$_SESSION	会话控制
$_COOKIE	cookie

赋值

赋值是指将值存储在变量中的操作。赋值的写法格式如下。

格式	代入
变量 = 值	

=被称为赋值运算符。使用了赋值运算符的话，PHP 会把右边的值写入左边的变量中（复制）。

Fig　给变量赋值

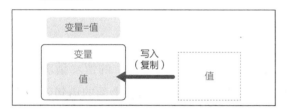

变量可以代入数值或字符串等值。可以将代入数值的变量在脚本中作为数值的替代品来处理。如果代入字符串，可以当作字符串来处理。此外，在脚本中直接记述的数值或字符串的值被称为"字面常量"。

Fig　给变量赋值并使用

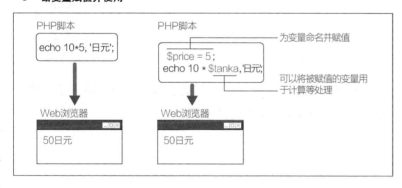

让我们记住！

尽量将脚本中出现的数字或字符串保存到变量中使用。

也可以在变量之间进行赋值。

格式	变量之间的赋值

变量 A = 变量 B

此时，在左端的变量（变量 A）中写入（复制）右边的变量（下面的变量 B）值。

Fig 变量之间的赋值

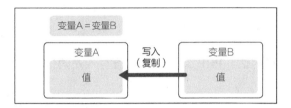

在 Step3 的脚本中的例子如下。

$price = $_REQUEST ['price'];

上面表达式的意思是往变量 $price 中写入 $_REQUEST ['price'] 的值（请求参数 price 所存储的值）。例如，$_REQUEST ['price'] 的值是 120 的话，上面的语句就会往 $price 中写入 120。

下面的语句也是一样的，往变量 $count 中写入 $_REQUEST ['count'] 的值。

$count = $_REQUEST ['count'];

常量

常量是给值命名的功能。使用方法类似于变量，但与变量不同，一旦给常量赋值，则无法重新赋值。如下所示，常量使用 const 这个关键字来定义。

格式	定义常量

const 常量名 = 值

const TAX = 0.08;
const MESSAGE = '感谢您的购买。';

与变量不同，常量的开头不加美元符号。此外，常量的命名规则与变量名相同。为了和变量区别开来，有使用大写字母书写的习惯。

数组

变量中有被称为数组的变量。变量只存储一个值，但数组可以存储多个值。在请求参数中使用的 $_REQUEST 实际上也是数组，可以存储多个值。

Fig　数组

数组也是变量的一种，必须和变量一样需要被命名。命名方法的规则也和变量一样。

▶ ① 变量名前需要加美元符号（$）。

▶ ② 第一个字母使用字母或下画线（_）。

▶ ③ 第二个字母以后使用字母、数字或下画线。

▶ ④ 区分大小写。

数组中有多个区域可以存储多个值。这个区域被称为数组元素。

为了区分各个要素进行操作，需要使用到索引的功能。例如，在获得请求参数时使用的 $_REQUEST 'user' 等记述中，'user' 的部分是索引。一般来说，整数或字符串可以作为索引来使用。

给数组元素赋值的方法与给变量赋值的方法相同。例如，要将 30 赋值给数组 $stock 中的索引为 "apple" 的元素。书写方法如下。

```
$stock['apple']=30;
```

对于多个要素统一赋值的方法，在第 4 章中会进行介绍。

让我们记住！

数组是可以存储多个值的变量。

使用变量

因为把单价赋值给了变量 $price，数量赋值给了变量 $count，所以使用这些变量进行计算和显示。下面是对单价和数量进行显示的例子（和字符串一起显示）。

```
echo $price, '日元×';
echo $count, '个 = ';
```

计算两个变量的乘积得到总价的例子如下。

```
$price* $count
```

在求得的总价后面加上"日元"的例子如下。

```
echo $price* $count, '日元';
```

◎ 检查数值是否被输入

在 Step3 的脚本中，并在输入页面中，如果输入了数值以外的内容，就会无法计算。例如单价输入为 120 日元，数量输入为 abc 的情况下，单击"计算"按钮，计算得到的总价为 0 日元。

Fig　输入非数字时的结果

 120日元×abc个 = 0日元

按道理说，在输入非数字时，显示输入错误信息的话会比较方便。那样就需要用到判断输入内容是否为数值的方法。关于那个方法，会在第 5 章进行介绍。

第3章的总结

本章学习了 PHP 的基本编程方法。从信息的显示开始，学习了编写动态 Web 应用程序时重要的请求参数的操作方法，以及使用变量和运算符进行计算处理的方法。

下一章为了记述更复杂的脚本，我们将学习条件分支和循环等控制结构。

第4章　控制结构和控件

　　本章学习 PHP 的控制结构。控制结构是改变脚本的执行流程的语法（也称为控制语法）。使用控制结构，可以根据条件切换脚本的动作，因此可以实现的处理情况会大幅增加。同时还会学习控件的使用方法。控件是指在网页上设置的诸如复选框和选择框的组件。最后会学习如何生成控件和接收控件的输入。

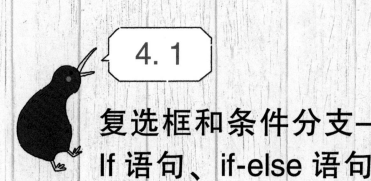

复选框用于指定是否选择某个项目。根据复选框是否被选中的状态，试着显示不同的信息。例题是创建能够让用户自己选择是否接收特价信息的邮件的脚本。

▼本节的任务

让我们创建一个脚本。利用if语句判断复选框勾选的情况，然后按情况选择脚本的执行内容。

step 1 在输入页面上配置复选框

复选框是让用户选择项目的打开或关闭状态的控件。以此来切换不同选定结果所对应的执行处理。为了实现这个"根据选择结果"的部分，PHP 使用 if 的结构。在这里，让我们一边编写组合了复选框和 if 结构的脚本，一边学习 if 的结构吧。

首先，在网页上配置复选框。脚本内容如下。文件路径是 chapter4\check-input. php。

List check-input. php `PHP`

```
<?php require '.. / header.php';?>
<form action = "check-output.php" method = "post">
<p><input type = "checkbox" name = "mail">接收特价信息的邮件。</p>
<p><input type = "submit" value = "确定"></p>
</form>
<?php require '.. / footer.php';?>
```

在 C：\xampp\htdocs\php 文件夹下面新建 chapter4 文件夹，在这个文件夹下面创建并保存脚本，并从 XAMPP 控制面板上启动 Apache。

在浏览器中打开以下 URL，执行脚本。

`执行` http：//localhost/php/chapter4/check-input. php

在被正确执行的情况下，在页面上可以看到"接收特价消息的邮件"复选框和"确定"按钮。

Fig **复选框和确定按钮**

配置控件

创建提供用户输入的表单时，需要用到 HTML 的 < form > 标签。在 < form > 和 < /form > 之间是对控件的记述。

action 属性的地方，用于指定接收从表单发送的数据的脚本（这里是 check-output. php）。

```
< form action = "check-output.php" method = "post" >
```

Fig **使用 < form > 标签创建表单页面**

复选框

使用 < input > 标签创建复选框。脚本内容如下，在 type 属性中需要指定 checkbox。

```
< input type = "checkbox" name = "mail" >
```

使用 name 属性给复选框命名。在这里，由于是关于邮件的复选框，所以用的名称是 mail。这个名字在 Step2 的输出脚本中，判断复选框勾选情况的时候需要用到。

🐤 按钮

按钮也是使用 < input > 标签创建的。Type 属性设置成 submit。在 value 属性中可以指定显示在按钮上面的字符串。

```
< input type = "submit" value = " 确定 " >
```

单击按钮后，表单上控件的状态会被发送给 Web 服务器，指定的执行脚本会根据控件的状态来选择性地执行处理。

Fig　脚本会根据控件的状态选择性地执行处理

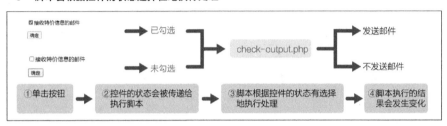

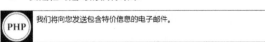

判定复选框是否被勾选
Step 2

让我们创建判定表单页面的复选框的被选情况，根据不同情况显示不同信息的脚本。脚本内容如下。文件路径是 chapter4\check-output. php。

List　check-output. php　　　　　　　　　　　　　　　　　　　　　　PHP

```php
< ?php require '.. / header.php';? >
< ?php
if (isset($_REQUEST ['mail'])) {
    echo ' 我们将向您发送包含特价信息的电子邮件。';
} else {
    echo ' 我们不会向您发送特价信息电子邮件。';
? >
< ?php require '.. / footer. php';? >
```

单击这个脚本在 Step1 显示的输入页面上的"确定"按钮。

首先勾选复选框，单击"确定"按钮。页面会显示"我们将向您发送特价信息的电子邮件"。请一定要尝试着去实际操作体验一下。

Fig　复选框勾选时的执行结果

单击浏览器的"后退"按钮，返回输入页面。取消复选框的勾选，单击"确定"按钮。页面会显示"我们不会向您发送特价信息电子邮件"。

Fig 复选框没有勾选时的执行结果

解 说

基于 if 语句的条件分支

通常，PHP 脚本是按照从上到下的语句顺序执行处理的。从上面开始按顺序执行所有行，执行到最后一行的时候就结束处理。

如果是"选择了按钮后显示信息"这样简单的处理情景的话，使用这种顺序结构是足够的。但是如果是"根据复选框的状态，让显示的信息发生变化"这样的处理情景的话，只用按顺序结构是没有办法实现的。

Fig 脚本按照从上到下的顺序执行语句

因此，我们使用一种称为控制结构的机制，该机制根据用户的选择更改脚本的处理流程。这种处理用语言表达出来的话，如下图所示。

Fig 用选择结构改变脚本的处理流程

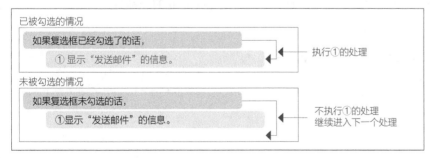

像这样根据条件使处理过程形成分支的情况称为条件分支。不仅是 PHP，还有很多编程语言具有条件分支的语法。用 PHP 进行条件分支的时候，需要用到 if 语句。

PHP超入门

if 语句是用 PHP 进行条件分支的语法之一。编写方法如下。

格式 **if**

```
if (条件) {
    条件成立时的处理内容;
}
```

复选框的示例可以使用 if 语句，如下图所示。

Fig **用 if 语句改变信息的输出**

在这种情况下，复选框被勾选时显示信息。复选框未被勾选时，不显示信息，然后结束 if 语句，进入下一个处理。

Fig **发生分支时的处理流程**

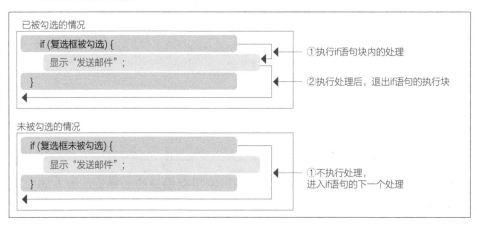

实际执行的脚本可以进行如下编写。这是 check-output. php 的一部分。

```
if (isset($_REQUEST ['mail'])) {
    echo '我们将向您发送包含特价信息的电子邮件。';
}
```

让我们记住！

如果使用 if 语句的话，可以编写出只在复选框被勾选时才被执行的处理。

基于 if-else 语句的条件分支

通过使用 if 语句，我们实现了只有在条件成立时才会被执行的处理。接下来，让我们学习可以同时记述条件成立时的处理和条件不成立时的处理。下面的图用语言表述了关于这个处理的一个例子。

Fig　**根据条件改变需要执行的处理**

已被勾选的情况

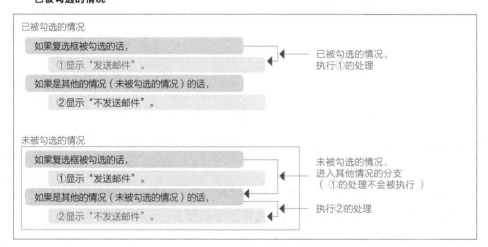

使用 if-else 语句的话，可以记述上面的处理。if-else 的语法如下。

格式　**PHP 标签和脚本内容**

```
if(条件){
    条件成立时的处理内容;
} else {
    条件不成立时的处理内容;}
```

本节关于复选框的示例可以使用 if-else 语句来实现。

Fig　**用 if-else 语句改变信息**

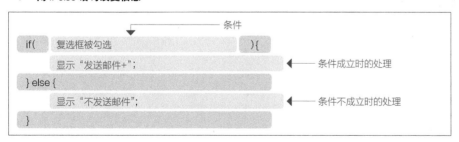

实际执行的脚本可以按照下面的方式编写。这是 check-output. php 的一部分。

```
if (isset($_REQUEST ['mail'])) {
    echo '我们将向您发送包含特价信息的电子邮件。';
} else {
    echo '我们不会向您发送特价信息电子邮件。';}
```

让我们记住！

如果使用 if-else 语句，可以根据勾选的有无改变需要执行的处理。

真假值

真假值是表示条件成立和不成立的值。真假值包括 TRUE 和 FALSE。

TRUE 是表示条件成立的值。中文称为 "真"。FALSE 是表示条件不成立的值。中文称为 "假"。

if 语句可以说是根据条件的真假值来做分支处理的语法。条件是 TRUE 时，将执行 {} 内的处理。if 语句的语法，使用真假值的形式可以表示如下。

格式	使用真假值的 if 语句

```
if(条件) {
    条件为 TRUE 时的处理;
}
```

if-else 语句也是根据条件的真假值来做分支处理的语法。条件为 TRUE 时，执行 if 侧 {} 内的处理。条件是 FALSE 时，执行 else 侧 {} 内的处理。

格式	使用真假值的 if-else 语句

```
if(条件){
    条件为 TRUE 时的处理;
}else{
    条件为 FALSE 时的处理;
}
```

让我们记住！

条件成立时是 TRUE，不成立时是 FALSE。

根据复选框的状态进行处理

在用于输入的表单页面中选择"确定"按钮后，复选框的勾选状态将通过 Web 服务器传递给输出脚本。为了将控件的状态从输入页面传送到输出脚本，可以使用第 3 章讲解请求参数的机制。

复选框被勾选的情况下，与复选框的 name 属性值对应的请求参数会被赋值。请求参数可以使用 PHP 预定义的数组形式的变量 $_REQUEST 来取得。如下所示。

格式　取得请求参数

```
$_REQUEST [ ' 请求参数名 ' ]
```

让我们记住！

name 属性的值为请求参数名。

在 Step1 中，将复选框的 name 属性设为 mail。如果此复选框被勾选，$_REQUEST ['mail'] 的请求参数会被定义。如果未被勾选，则不会被定义。

可以通过 isset 函数检查变量是否定义。函数是将程序设计中使用的各种功能封装成可以方便调用的一种形式。PHP 预先定义了很多方便的函数。isset 函数的用法如下所示。

格式　isset

```
isset (变量)
```

实际脚本中使用请求参数的例子如下所示。

```
isset($_REQUEST ['mail'])
```

isset 函数，在变量被赋值且值不是 NULL 时返回 TRUE。NULL 是表示某个变量没有值的特殊值。

将 if 语句、isset 函数和请求参数组合后，可以编写的脚本内容如下所示。通过这样记述，只有在请求参数的变量被定义时（且该变量不是 NULL），可以执行 if 语句的 {} 中的处理。

格式　在 if 语句的条件中使用请求参数

```
if(isset(请求参数的变量)) {
    变量被定义时的处理;
}
```

if-else 语句、isset 函数和请求参数组合时，可以编写的脚本内容如下所示。如果变量没有被定义，那么 isset 函数返回 FALSE，所以脚本会执行 else 侧 {} 中的处理。

格式 **在 if-else 语句的条件中使用请求参数**

```
if(isset (请求参数的变量)) {
    变量被定义时的处理;
}else {
    变量未被定义时的处理;
}
```

本节关于复选框的示例按照下面的方式进行编写。

Fig **根据请求参数的定义状态进行的分支处理**

检查请求参数

```
if(    isset (请求参数的变量)    ){
    已被勾选时的处理;                    ◀── 变量已定义时的处理
} else {
    未被勾选时的处理;                    ◀── 变量未被定义时的处理
}
```

实际脚本的内容如下所示。

```
if (isset($_REQUEST ['mail'])) {
    echo '我们将向您发送包含特价信息的电子邮件。';
} else {
    echo '我们不会向您发送特价信息电子邮件。';
}
```

让我们记住！

isset 函数在变量被定义时返回 TRUE，未被定义时返回 FALSE。

表达式和计算

表达式是指由值、变量、运算符、函数组成的组合。以 "1 + 2" 这个表达式为例，它由以下内容组合而成：

▶ 值：1。

▶ 运算符：+。

▶ 值：2。

计算上面的表达式，其结果为 "3"。表达式所代表的值称为表达式的值。也就是说 "1＋2" 这个表达式的值为 "3"。

对于 if 语句和 if-else 语句的条件部分，也可以是表达式。if 语句可以说是通过对表达式的计算结果进行判断，如果表达式的值是 TRUE，则执行 ｛｝ 内的处理的语法结构。

格式 **在 if 语句的条件中使用表达式**

```
if(表达式){
    表达式的值为 TRUE 时的处理;
}
```

if-else 语句可以说是通过对表达式的计算结果进行判断，如果表达式的值是 TRUE，则执行 ｛｝ 内的处理，如果是 FALSE，则执行 else 内的处理的语法结构。

格式 **在 if-else 语句的条件中使用表达式**

```
if(表达式) {
    表达式的值为 TRUE 时的处理;
}el se{
    表达式的值为 FALSE 时的处理;
}
```

在 Step2 的脚本中，记述了如下 if-else 语句的条件。这个条件是 isset 函数和 $_RE-QUEST 变量的组合，所以这也是表达式。

```
isset($_REQUEST ['mail'])
```

◉ 使用比较运算符的表达式

作为 if 语句的条件，经常会使用比较运算符来书写表达式。例如 "变量 $count 为 0 的情况" 的条件可以写成这样。

```
$count ==0
```

将条件和 if 语句组合起来，在 $count 为 0 的情况下显示信息的例子如下。

```
if ($count ==0) {
    echo '没有库存。';
}
```

中括号 {} 的省略

在 if 语句中，中括号 {} 内的处理仅为一个语句时，可以省略 {}。如果 {} 内的处理是多个语句，则不能省略 {}。

格式	省略中括号 {} 的 if 语句

```
if(条件)条件为 TRUE 时的处理;
```

if-else 语句也是一样，中括号 {} 内的处理仅为一个语句时，可以省略 {}。和 if 语句一样，如果 {} 内的处理是多个语句，则不能省略 {}。

格式	省略中括号 {} 的 if 语句

```
if 条件为 TRUE 时的处理; else 条件为 FALSE 时的处理;
```

有些情况下，省略 {} 可以减少脚本的行数，使排版更加好看。有些情况下，加上 {} 会使条件分支的处理范围变得容易分辨。采用哪一种记法，取决于程序员。这里建议两种方法都尝试一下，选择其中能让你的编程变得高效的方法。在本书的样本代码中，为了明确分支的范围，在只有一个语句的情况下也会加上 {}。

如何很好地命名变量

变量名是指变量的名称。如果能很好地加上变量名，脚本就会变得容易读，开发效率也会提高。

建议用浅显的英文命名变量名，就算英文不怎么好也没关系。可以借助英文字典，尽量给变量起个恰当的名字。一开始会很麻烦，但编程时会多次碰到类似用途的变量，经常用就会记住了。

对于在较窄范围内使用的变量，如循环中使用的变量，可能会给它起一个非常简单的名字 "$i"。对于广泛范围内使用的变量，推荐给其起一个具有英文语义的名字。

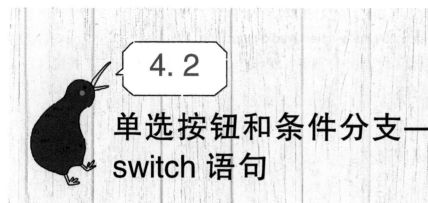

4.2

单选按钮和条件分支——switch 语句

单选按钮是用于从多个项目中选择一个的控件。让我们根据选择的项目，试着显示不同的信息。例题是创建根据选择的食物种类，显示食物内容的脚本。

▼ 这节的任务

让我们创建一个脚本。利用if语句判断复选框勾选的情况，然后按情况选择脚本的执行内容。

step 1 在输入页面上配置单选按钮

在输入用的表单页面上使用 < form > 标签配置单选按钮和按钮。这里配置了 3 个选项的单选按钮和用来将选择情况发送给输出脚本的"确定"按钮。

脚本内容如下。文件路径是 chapter4\radio-input. php。

radio-input. php

```php
<?php require '.. / header.php';?>
请选择套餐。
<form action = "radio-output.php" method = "post">
<p><input type = "radio" name = "meal" value = "和食" checked>和食</p>
<p><input type = "radio" name = "meal" value = "西餐">西餐</p>
<p><input type = "radio" name = "meal" value = "中餐">中餐</p>
<p><input type = "submit" value = "确定"></p>
</form>
<?php require '.. / footer.php';?>
```

在浏览器里打开以下 URL，并执行脚本。

执行 http：//localhost/php/chapter4/radio-input.php

正确执行后，会显示"和食""西餐""中餐"三个单选按钮和"确定"按钮。

Fig　单选按钮和"确定"按钮

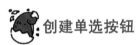

解　说

创建单选按钮

单选按钮也和复选框一样，使用 < input > 标签来创建。内容如下，可以看到 type 属性设为 radio。

```
< input type = "radio" name = "meal" value = " 和食 ">
```

使用 name 属性给单选按钮命名。关于选餐的单选按钮，这里设为 meal。单选按钮名（name 属性的值）被设置为请求参数名，名称相同的单选按钮被分为同一组。

从组合中选择一个单选按钮。这次为了能从和食、西餐、中餐中选择 1 个，把 3 个单选按钮全部命名为 meal。

```
< input type = "radio" name = "meal" value = " 西餐 ">
< input type = "radio" name = "meal" value = " 中餐 ">
```

Fig　name 属性的值会被转化为请求参数

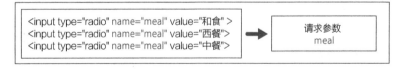

< input > 标签上写上 checked 后，可以预先将该单选按钮设为选择状态。在这里，预先选择了"和食"。

```
< input type = "radio" name = "meal" value = " 和食 " checked >
```

可以通过脚本，获取 value 属性中设置的值。使用此值检查哪个单选按钮被选择了。

让我们记住！

具有相同 name 属性的单选按钮会被分为一组。

根据选择显示不同的消息

让我们创建脚本来判断哪个单选按钮被选择了，并且实现变更显示信息的处理功能。脚本内容如下。文件路径是 chapter4\radio-output. php。

radio-output. php　　　　　　　　　　　　　　　　　　　　　　　PHP

```php
<?php require '.. / header.php';? >
<?php
switch ($_REQUEST ['meal'])
{ case '和食':
    echo '烤鱼，煮菜，味噌汤，米饭，水果';
    break;
case '西餐':
    echo '果汁，煎蛋卷，土豆泥，面包，咖啡';
    break;
case '中餐':
    echo '春卷，饺子，鸡蛋汤，炒饭，杏仁豆腐';
    break;
echo '可供选择 。';
? >
<?php require '.. / footer. php';? >
```

在 Step1 的输入页面中，选择"和食"单选按钮的状态下，选择"确定"按钮。页面上会显示"烤鱼，煮菜，味噌汤，米饭，水果可供选择"的和食菜单。

Fig 选择"和食"时的页面显示

 烤鱼，煮菜，味噌汤，米饭，水果可供选择。

通过浏览器返回输入页面，然后"西餐"的状态下选择"确定"按钮。页面上会显示"果汁，煎蛋卷，土豆泥，面包，咖啡可供选择"的西餐菜单。

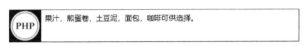

Fig 选择"西餐"时的页面显示

果汁，煎蛋卷，土豆泥，面包，咖啡可供选择。

选择"中餐"的时候，同样也会显示"春卷，饺子，鸡蛋汤，炒饭，杏仁豆腐可供选择"的中餐菜单。

Fig 选择"中餐"时的页面显示

春卷，饺子，鸡蛋汤，炒饭，杏仁豆腐可供选择。

解 说

基于 switch 语句的条件分支

有时我们希望根据用户选择的内容，以多种方式对其进行处理。例如根据选择的单选按钮来改变需要显示的信息。

▶ "和食"的情况 →显示"烤鱼，煮菜"等。

▶ "西餐"的情况 →显示"果汁，煎蛋卷"等。

▶ "中餐"的情况 →显示"春卷，饺子"等。

这样的条件分支也可以使用 if 和 if-else 来记述，但是使用 switch 的话，可以更简洁地记述。switch 语句也是条件分支的一种，使用方法如下。

格式 **switch**

```
switch (表达式) { case 值 A :
    表达式的值为值 A 时的处理;
    break ;
case 值 B :
    表达式的值为值 B 时的处理;
    break ;
case 值 C :
    表达式的值为值 C 时的处理;
    break ;
...
}
```

在 switch 的 {} 内，可以排列多个 case 语句。当 switch 语句的表达式值等于 case 语句中描述的值时，就执行该 case 语句内的处理。

case 语句的末尾写有 break 语句。break 语句表示结束处理并脱离 switch 语句的块。虽然也有不写 break 语句的方法，但是建议在刚开始学习的时候写出来。

Fig　按照 switch 语句的表达式执行 case 语句

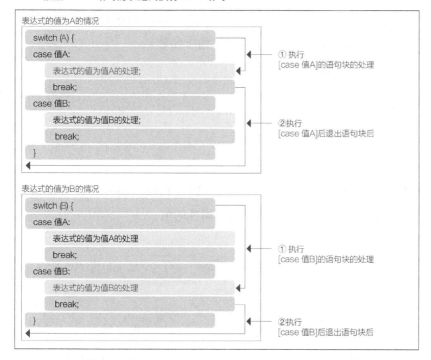

以选择套餐的单选按钮为例，可以使用 switch 进行如下记述。

Fig　根据单选按钮的选择分支处理

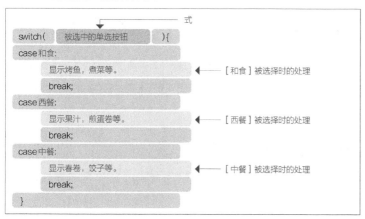

让我们记住！

在 switch 语句中，执行符合表达式的值的 case 语句中的处理。

PHP超入门

取得选中的单选按钮

可以使用请求参数取得被选择的单选按钮。单选按钮中，name 属性的值是请求参数的名称，并且所选单选按钮的 value 属性的值会被赋值给请求参数。

Fig　所选单选按钮的 value 属性被赋值给请求参数

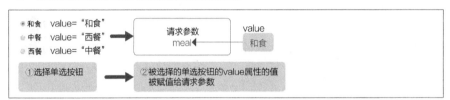

由于在 Step1 中将单选按钮的 name 属性设为 meal，因此在输出脚本中，可以通过 $_REQUEST［'meal'］取得被选中的单选按钮的 value 属性的值。

Fig　表达式中使用请求参数

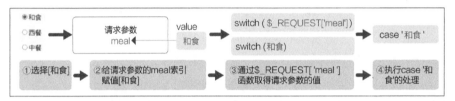

value 属性的值是和食、西餐、中餐其中的一个。结合 switch 语句，可根据单选按钮的选择显示不同的信息。脚本内容如下。

```
switch ($_REQUEST ['meal']) { case '和食':
    echo '烤鱼, 煮菜, 味噌汤, 米饭, 水果';
    break;
case '西餐':
    echo '果汁, 煎蛋卷, 土豆泥, 面包, 咖啡';
    break;
case '中餐':
    echo '春卷, 饺子, 鸡蛋汤, 炒饭, 杏仁豆腐';
    break;
}
```

 让我们记住！

选定单选按钮的 value 属性值会被赋值给请求参数。

4.3

列表框和条件分支——switch 语句

列表框是用于从多个项目中选择一个的控件，也被称为下拉菜单。根据选择的项目，试着显示不同的信息。例题是创建显示选择的列车座位类型以及额外费用的脚本。

▼本节的任务

请选择座席的类型。

自由座席 ▾

确定

> 让我们根据列表框中被选择的项目，显示不同的信息。

step 1 在输入页面上配置列表框

让我们配置列表框吧。和之前的控件一样，会用到 < form > 标签。在这里配置一个列表框和按钮控件。脚本内容如下。文件路径是 chapter4\select-input. php。

select-input. php

```php
<?php require '../header.php';?>
<p>请选择座席的类型。</p>
<form action="select-output.php" method="post">
<select name="seat">
<option value="自由座席">自由座席</option>
<option value="指定座席">指定座席</option>
<option value="绿色座席">绿色座席</option>
</select>
<p><input type="submit" value="确定"></p>
</form>
<?php require '../footer.php';?>
```

PHP 超入门

在浏览器里打开以下 URL，并执行脚本。

 http：//localhost/php/chapter4/select-input. php

脚本被正确执行的情况下，页面上会有"自由座席""指定座席""绿色座席"这 3 个选项的列表框和"确定"按钮。

Fig　列表框和"确定"按钮

解　说

创建列表框

创建列表框的时候，需要用到 < select > 标签。

```
< select name = "seat" >
...
</select >
```

使用 name 属性为列表框命名。此名称也是请求参数的名称。由于选择的是座位，所以设为 seat。

要添加列表框的选项时，需要在 < select > 和 </select > 之间使用 < option > 标签进行描述。

```
< option value = "自由席" > 自由席 </option >
```

value 属性的值会被赋值给请求参数，而脚本又可以获取请求参数。选定项目的 value 属性值会被赋值给请求参数。

step
2 根据选择显示不同的信息

让我们创建根据列表框的选择，显示不同信息的脚本。脚本内容如下。文件路径是 chapter4\select-output. php。

 select-output. php ⬛PHP

```
<? php require '../header.php';? >
<? php
switch ($_REQUEST ['seat'])
```

```
{ case '指定座席':
    echo '额外费用是 1200 日元。';
    break;
case '绿色座席':
    echo '额外费用是 2500 日元。';
    break;
default:
    echo '没有额外费用。'; break;
}
? >
<?php require '../footer.php';? >
```

在 Step1 的输入页面中的列表框中选择"自由座席"后，单击"确定"按钮，页面上会显示"没有额外费用"的信息。

Fig　选择"自由座席"时的页面显示

在浏览器上返回输入页面，然后选择"指定座席"，单击"确定"按钮，页面上会显示"额外费用是 1200 日元。"的信息。

Fig　选择"指定座席"时的页面显示

选择"绿色座席"的时候，会显示"额外费用是 2500 日元"的信息。

Fig　选择"绿色座席"时的页面显示

解　说

 switch 语句和 default

根据列表框的选项选择显示信息的脚本与 4. 2 节中讲解的单选按钮一样，可以使用 switch 语句来实现。首先试着用语言描述流程吧。

▶ 自由座席的情况→显示没有额外费用。

▶ 指定座席的情况→ 显示额外费用是 1200 日元。

▶ 绿色座席的情况→ 显示额外费用是 2500 日元。

这个流程如果使用单选按钮的处理，就可以直接实现。在这里为了学习 default 这个新的语法，会稍微修改一下处理的流程。

▶ 指定座席的情况→ 显示额外费用是 1200 日元。

▶ 绿色座席的情况 → 显示额外费用是 2500 日元。

▶ 其他情况→ 显示没有额外费用。

用于描述上述"其他情况"的语法是 default。default 是 case 语句的特殊情况，在不属于任何 case 的情况下执行。

在描述 default 时，一般会放在 switch 语句 {} 内的最后。default 也和其他 case 一样，建议加上 break 语句。

格式　使用 default 的 switch 语句

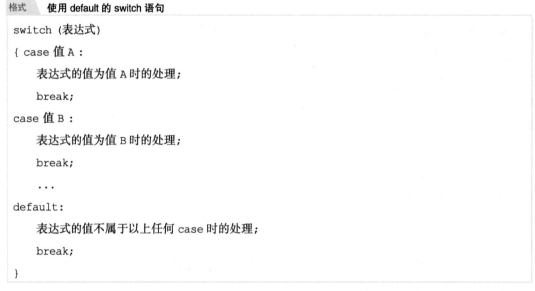

```
switch (表达式)
{ case 值 A :
    表达式的值为值 A 时的处理；
    break;
case 值 B :
    表达式的值为值 B 时的处理；
    break;
    ...
default:
    表达式的值不属于以上任何 case 时的处理；
    break;
}
```

关于选择座位的列表框例子，使用 switch 语句记述如下。

Fig　使用列表框的分支处理

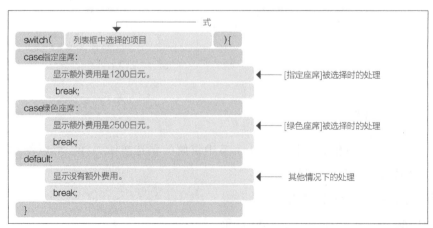

让我们记住！

default 下面的处理在没有 case 符合表达式的值的时候被执行。

取得列表框中被选定的项目

被选定项目的 value 属性值会被赋值给与列表框的 name 属性对应的请求参数。因为在 Step1 中将 name 属性设为 seat，所以使用 $_REQUEST［'seat'］这个表达式来获取 value 属性值。

value 属性是指定座席、绿色座席、自由座席其中的一个。在与 switch 语句组合后，可以实现根据不同 Value 属性值显示不同消息的功能，脚本如下所示。

```
switch ($_REQUEST ['seat'])
{ case '指定座席':
    echo '额外费用是1200 日元。';
    break;
case '绿色座席':
    echo '额外费用是2500 日元。';
    break;
default:
    echo '没有额外费用。';
    break;
}
```

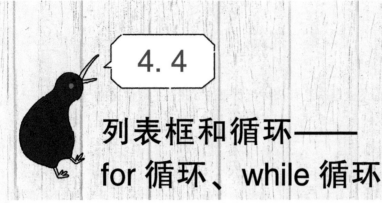

4.4

列表框和循环——
for 循环、while 循环

列表框的选项需要用到 < option > 标签来记述，选项多的时候用手工来记述会很麻烦，也容易出错。这时候就需要使用脚本，简单地生成很多选项。例题是创建能够选择商品购买数量的脚本。

▼这节的任务

让我们用脚本自动生成列表框的选项吧

Step 1　手动创建选项

首先让我们尝试手动配置列表框和选项。脚本内容如下。文件路径是 chapter4 \select-for-input. php。

如果觉得手动输入很麻烦，可以跳过这里直接从 Step2 开始学习。

select-for-input. php　`PHP`

```php
<?php require '../header.php';?>
<p>请选择购买数量。</p>
<form action = "select-for-output.php" method = "post">
<select name = "count">
<option value = "0">0</option>
<option value = "1">1</option>
```

```
< option value = "2" >2 </option >
< option value = "3" >3 </option >
< option value = "4" >4 </option >
< option value = "5" >5 </option >
< option value = "6" >6 </option >
< option value = "7" >7 </option >
< option value = "8" >8 </option >
< option value = "9" >9 </option >
</select >
< p > < input type = "submit" value = "确定" > </p >
</form >
<? php require '../footer.php';? >
```

在浏览器里打开以下 URL，并执行脚本。

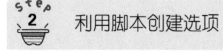 http：//localhost/php/chapter4/select-for-input. php

正确执行的情况下，可以看到页面显示了从"0"到"9"选项的列表框和"确定"按钮。

Fig **列表框和"确定"按钮**

列表框的选项如 4.3 节中说明的那样，需要使用 < option > 标签来记述。为了创建从"0"到"9"的选项，这里需要列出 10 个 < option > 标签。

```
< option value = "0" >0 </option >
...
< option value = "9" >9 </option >
```

如果像这样需要创建很多有规律性的选项，使用 Step2 的方法创建脚本是很方便的。

利用脚本创建选项

这里让我们尝试着利用脚本创建列表框选项。脚本内容如下。文件路径是 chapter4 \ select-for-input2. php。

和 Step1 相比，有变更的地方已用粉色字显示出来。特别注意的是，和 Step1 相比，脚本的行数变少了。另外，虽然现在创建的只有 10 个选项，但只要修改对应的数值就能够创建 20、30 个选项。

 select-for-input2. php

```php
<?php require '../header.php';?>
<p>请选择购买数量。</p>
<form action = "select-for-output.php" method = "post">
<select name = "count">
<?php
for ($i = 0; $i < 10; $i ++) {
    echo '<option value = "', $i, '">', $i, '</option>';
}
?>
</select>
<p><input type = "submit" value = "确定"></p>
</form>
<?php require '../footer.php';?>
```

在浏览器里打开以下 URL，并执行脚本。

执行　http：//localhost/php/chapter4/select-for-input2. php

正确执行的情况下，和 Step1 一样可以看到页面显示了有从 "0" 到 "9" 选项的列表框和 "确定" 按钮。

　解　说

for 循环

在脚本中，会存在想要多次重复执行指定处理的情况。这样的重复被称为循环。循环也和条件分支一样，是控制结构的一种。

例如对于创建 10 个选项的处理，我们可以这样思考。

Fig　显示 10 个选项

这里要让选项内容从 "0" 到 "9" 发生变化，可以像下面那样做更具体一点的思考。

Fig　**在循环中更改显示内容**

让我们来思考如何将这样的重复处理变成脚本。我们需要用到变量。在这里使用变量 $i。变量的名称可以随意指定，但是在重复处理的脚本中经常使用的变量名为 $i 或 $j 的变量。

使用变量后，上面的流程可以表述如下。

Fig　**使用变量显示选项**

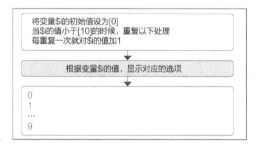

让我们再仔细地拆分一下流程看一看。

Fig　**让变量 $i 发生变化的处理**

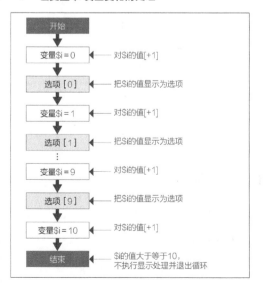

上述处理使用 for 循环就可以简单实现。for 循环是用 PHP 进行重复处理的语法之一。for 循环的使用方法如下所述。

格式　for

```
for (开始处理；条件表达式；更新处理) {
    重复处理；
}
```

开始处理、表达式、更新处理的含义如下。

◆ **开始处理**

在 for 循环开始的时候，只执行一次的处理，通常用来指定循环中用到的变量的初始值。

◆ **条件表达式**

设置用于判定是否继续循环的表达式。表达式的值为 TRUE 时，执行循环的处理。值为 FALSE 时，退出循环。

◆ **更新处理**

每次重复都会执行的处理。通常用于使重复处理的变量的值发生增减。当然，让变量的值发生变化的时候，条件表达式的结果也会发生变化。

使用 for 循环，创建从 "0" 到 "9" 的选项时，实现方法如下所述。重复进行的处理需要在 {} 之间记述。

Fig　**使用 for 循环显示选项**

实际编写的脚本内容是这样的。

```
for ($i = 0; $i < 10; $i ++) {
    echo '<option value ="', $i, '">', $i, '</option>';
}
```

在上面脚本的部分里，将会生成 < option > 标签（选项）。

```
echo '<option value ="', $i, '">', $i, '</option>';
```

实际输出的标签，会把变量替换成变量的值。如下所示。

```
< option value = "0" >0 </option >
```

让我们记住！

只要条件表达式的值是 TRUE，for 循环的处理就会一直重复。

比较运算符

要表达 "$i 比 10 小" 这个意思，需要用到小于 < 的运算符。使用 < 运算符的表达式的时候，当左边的值比右边小时，条件表达式的值为 TRUE。和小于 < 相类似的运算符还有 >、< =、> =、==、! =。像这种把表达式左右两边的值进行大小的比较，判断值是否相等时用到的运算符，称为比较运算符。

Table 比较运算符

运 算 符	推荐的读法	表达式的值为 TRUE 的情况
<	小于	左边比右边小
>	大于	左边比右边大
< =	小于等于	左边比右边小或等于
> =	大于等于	左边比右边大或等于
==	等于	左边和右边相等
! =	不等于	左边和右边不相等

对于 "$i < 10" 这样的表达式的读法，因人而异。这里建议按照 "$i 小于 10" 的读法。这种读法比 "和 10 相比 $i 要小" 的读法要简洁，比 "$i 未满 10" 的读法更容易理解。

⊙ 递增运算符

更新处理中使用的 ++ 是递增运算符。递增运算符的功能是对变量的值加 1。如果记述为 $i++，则在对 $i 加 1。

也有 −− 这样的运算符。−− 是递减运算符，从变量的值中减去 1。如果记述为 $i−−，则从 $i 中减去 1。

在循环中，经常使用对变量加 1，或者从变量中减去 1 这样的处理。为了简单描述这种加法、减法，产生了递增运算符和减法运算符。

3 显示选择的结果

让我们创建能够显示列表框选定结果的脚本。脚本内容如下。文件路径是 chapter4 \ select-for-output. php。

 select-for-output. php

```php
<?php require '../header.php';?>
<?php
echo '已添加', $_REQUEST['count'], '个商品到购物车。';
?>
<?php require '.. /footer. php';?>
```

在 Step1 或 Step2 的输入页面中，从列表框中选择一个选项，单击"确定"按钮后，将显示与选择的选项相对应的信息。例如选择"5"的话，页面上会显示"已添加 5 个商品到购物车"的信息。

Fig 显示选择后的结果

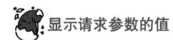 解　说

显示请求参数的值

在 Step1 和 Step2 中，列表框的 name 属性为 count。列表框中 name 属性的值也是请求参数的名称。因此，通过 $_REQUEST['count'] 可以取得列表框中选择的选项。

这里可以取得的是 <option> 标签的 value 属性的值。选定的 <option> 标签（选项）的值被赋值给请求参数。从请求参数那里可以取得 0 到 9 的数值，和其他字符串一起，组成了显示在页面上的信息。

4 使用 while 循环创建选项

while 循环是与 for 循环一起用 PHP 重复处理的语法之一。使用 while 循环，和 Step2 一样，试着配置多个选项。

脚本内容如下。文件路径是 chapter4 \select-for-input3. php。

List select-for-input3. php PHP

```
<?php require '../header.php';?>
<p>请选择购买数量。</p>
<form action = "select-for-output.php" method = "post">
<select name = "count">
<?php
$i = 0;
while ($i < 10) {
    echo '<option value = "', $i, '">', $i, '</option>';
    $i++;
}
?>
</select>
<p><input type = "submit" value = "确定"></p>
</form>
<?php require '../footer.php';?>
```

在浏览器里打开以下 URL，并执行脚本。

执行 http：//localhost/php/chapter4/select-for-input3. php

正确执行的时候，和 Step2 一样，可以看到页面显示了有从 "0" 到 "9" 的选项的列表框和 "确定" 按钮。和 Step3 一样，单击 "确定" 按钮后，页面上会显示选择的个数信息。

 解 说

 while 循环

while 循环和 for 循环一样，是用于描述重复处理的语法。while 循环用法如下。while 循环的条件表达式在 TRUE 的时候就会一直重复处理。

格式 while

```
while (条件表达式) {
    重复处理；
}
```

和 for 循环比较一下。

格式　for

```
for (开始处理；条件表达式；更新处理) {
    重复处理；
}
```

与 for 循环不同，while 循环没有开始处理和更新处理。如果想要记述开始处理和更新处理，可以在下面标注的地方记述，效果和 for 循环是相同的。

格式　while（包含开始处理等）

```
开始处理；
while (条件表达式)
    { 重复处理；
    更新处理；}
```

进行重复处理时，大多数情况下都是需要开始处理和更新处理的。在这种情况下，建议使用 for 循环，因为 for 循环事先准备好了开始处理和更新处理的记述位置。

另一方面，对于不需要开始处理和更新处理的循环，可以使用 while 循环。对于 Step4 的脚本，因为有开始处理和更新处理，所以使用 for 循环会使脚本的排版更好一些。

让我们记住！

只要条件表达式的值是 TRUE，while 循环的处理就会一直重复。

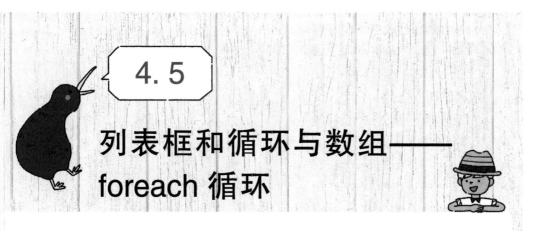

在这一节我们将试着用脚本来生成由字符串构成的列表框，而不是从 "0" 到 "9" 这样的连续数字。这里需要用到数组和 foreach 循环。例题是创建在忘记密码时使用的选择秘密问题和输入答案的脚本。

▼本节的任务

让我们学会创建由字符串构成选项的列表框的脚本。

 用脚本生成选项

试着配置列表框和选项。在这里准备好 "第一次看的电影叫什么名字？" 这样的字符串作为选项，以便在脚本中统一配置。

脚本内容如下。文件路径是 chapter4\select-foreach-input. php。

select-foreach-input. php · PHP

```php
<?php require '../header.php';?>
<p>请选择一个秘密问题。</p>
<form action="select-foreach-output.php" method="post">
<select name="question">
<?php
$question=[
```

```
    '第一次看的电影叫什么名字？',
    '第一次饲养的宠物叫什么名字？',
    '第一次买的车叫什么名字？',
    '毕业的小学叫什么名字？',
    '小学班主任叫什么名字？',
    '出生的城市叫什么名字？'
];
foreach ($question as $item) {
    echo '<option value="', $item, '">', $item, '</option>';
}
?>
</select>
<p>问题的答案</p>
<p><input type="text" name="answer"></p>
<p><input type="submit" value="确定"></p>
</form>
<?php require '../footer.php';?>
```

在浏览器里打开以下 URL，并执行脚本。

`执行` http：//localhost/php/chapter4/select-foreach-input. php

正确执行的话，可以在页面中看到包含 "第一次看的电影叫什么名字？" 和 "第一次饲养的宠物叫什么名字？" 之类选项的列表框，用于回答的文本框和 "确定" 按钮。

Fig 提问和回答的输入页面

解 说

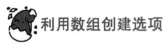利用数组创建选项

使用字符串提问的选项，可以通过手动描述 <option> 标签来创建。

<option value="第一次看的电影叫什么名字？">第一次看的电影叫什么名字？</option>

但是选项变多后，需要像以下那样排列多个 < option > 标签的话，手动书写会很麻烦，也容易出错。

```
< option value = "第一次饲养的宠物叫什么名字？" >第一次饲养的宠物叫什么名字？</option >
< option value = "第一次买的车叫什么名字？" >第一次买的车叫什么名字？</option >...
```

因此，我们将使用数组简要总结选项列表。数组具有统一管理多个值的功能。要将数值存储（代入）到数组中，需要按照下面的方法进行。在数组的 [ ] 里面，用逗号"，"把不同的字符串分隔开来，排列在一起。

格式 赋值给数组
```
数组 = [ 值 A，值 B，值 C，...];
```

也可以像下面这样分行记述。

格式 赋值给数组（分行记述）
```
数组 = [
        值 A,
        值 B,
        值 C,
        ...
];
```

数组是变量的一种。和变量一样可以给其赋值，也可以取出被赋予的值用于计算等。与变量一样，数组也需要在开头加上美元符号 $。

Fig 给数组赋值

在 Step1 的脚本中，为了将选项的字符串存储在 $question 数组中，写法如下。

```
$question = [
        '第一次看的电影叫什么名字？',
        '第一次饲养的宠物叫什么名字？',
        '第一次买的车叫什么名字？',
        '毕业的小学叫什么名字？',
        '小学班主任叫什么名字？',
        '出生的城市叫什么名字？'
];
```

array 函数

像上面那样用中括号 [] 框起来的方式给数组赋值的方法，只有 PHP5.4 以后的版本才能实现。在使用比 PHP5.4 要旧的版本时，需要用到 array 函数。

```
$question = array(
    '第一次看的电影叫什么名字？',
    '第一次饲养的宠物叫什么名字？',
    ...
);
```

 foreach 循环

将数组中存储的字符串逐个取出，用来创建选项。这个处理将重复以下处理。

Fig　利用数组创建选项

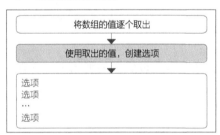

下一步我们尝试把变量代入上面的例子来进行说明，参见下图。这里的数组是 $question，变量是 $item。

Fig　利用数组和变量创建选项

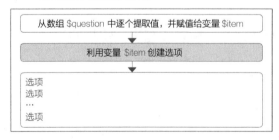

使用 PHP 的 foreach 循环可以使重复处理的流程变得方便。foreach 循环可以一个一个地取出数组中存储的值来进行处理。foreach 循环重复数为数组元素的数量，对所有值进行处理后，则退出循环。

Fig foreach 循环的工作机理

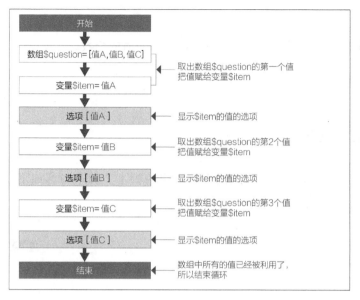

foreach 循环的用法，内容如下。

格式 foreach

```
foreach (数组 as 变量) {
    使用变量进行的处理；
}
```

使用 foreach 循环从数组 $question 中取出值并赋值给变量 $item，然后创建选项的处理如下所述。

Fig 使用 foreach 循环显示选项

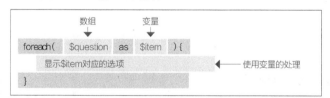

实际的脚本内容如下。

```
foreach ($question as $item) {
    echo '<option value ="', $item, '">', $item, '</option>';
}
```

上面的脚本会输出下面那样的 <option> 标签。

```
<option value = "第一次看的电影叫什么名字？">第一次看的电影叫什么名字？</option>
```

在数组 $question 中的所有字符串，都会输出像上面这样的标签。

PHP 超入门

让我们记住!

foreach 循环会重复执行处理,重复次数是数组拥有的值的个数。

Step 2 显示问题和回答内容

让我们尝试创建能显示选择的问题,以及输入回答的内容的脚本。脚本内容如下。文件路径是 chapter4\select-foreach-output. php。

select-foreach-output. php PHP

```php
<?php require '../header.php';?>
<?php
echo '<p>问题是:', $_REQUEST ['question'], '</p>';
echo '<p>回答是: ', $_REQUEST ['answer'], '</p>';
?>
<?php require '.. /footer. php';?>
```

在 Step1 的输入页面,我们从列表框中选择问题,然后在文本框中填写答案。这里假设选择的问题是"第一个饲养的宠物叫什么名字?",给出的答案是"PHP"。

Fig 选择问题并填写答案

单击"确定"按钮,回答内容会显示在页面上。

Fig 显示问题和回答

在 Step1 中,将问题选择框的 name 属性设为 question。在这个列表框中选择的选项可以通过 $_REQUEST ['question'] 的请求参数来获得。

另一方面,回答的文本框的 name 属性为 answer。在文本框中输入的字符串将会被赋值给请求参数。脚本可以通过 $_REQUEST ['answer'] 的请求参数取得输入到文本框中的内容。

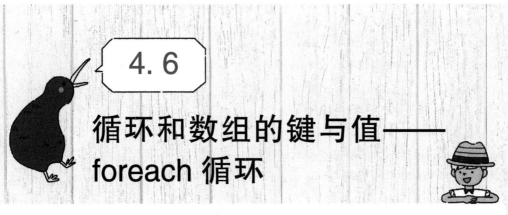

4.6 循环和数组的键与值——foreach 循环

这一节本学习将"店铺名"和"店铺代码"这样的组合保存在数组中的方法。使用 foreach 循环取出保存在数组中的组合,创建选择框的选项。例题是创建输入店铺名称后,显示店铺代码的脚本。

▼本节的任务

PHP　请选择店铺。
　　　秋叶原 ▾
PHP　确定

让我们实现输入店铺名就能够显示店铺代码的功能。

Step 1 手动创建选项

首先尝试手动配置列表框的选项。脚本内容如下。文件路径是 chapter4 \ store-input. php。

在这个脚本中,用粉色字标注出了与 Step2 中不同的地方。如果觉得手动输入很麻烦,可以跳过这里直接从 Step2 开始学习。

store-input. php   PHP

```php
<?php require '../header.php';?>
<p>请选择店铺。</p>
<form action="store-output.php" method="post">
<select name="code">
<option value="100">新宿</option>
<option value="101">秋叶原</option>
```

```
<option value = "102">上野</option>
<option value = "200">横滨</option>
<option value = "201">川崎</option>
<option value = "300">札幌</option>
<option value = "400">仙台</option>
<option value = "500">名古屋</option>
<option value = "600">京都</option>
<option value = "700">博多</option>
</select>
<p><input type = "submit" value = "确定"></p>
</form>
<?php require '../footer.php';?>
```

在浏览器里打开以下 URL，并执行脚本。

执行 http：//localhost/php/chapter4/store-input. php

在正确执行的情况下，页面上会显示"新宿"和"秋叶原"等选项的列表框和"确定"按钮。

Fig 列表框和"确定"按钮

 解 说

创建选项

列表框的选项和之前说明的一样，使用 < option > 标签来描述。

```
<option value = "100">新宿</option>
```

在之前介绍的例子中，显示为列表框的选项的值和 value 属性的值是相同的。但这次作为选择项显示的字符串和 value 属性的值是不同的。在上述例子中，选择框中显示"新宿"。另一方面，脚本通过请求参数获取的值是设定为 value 属性的"100"。

step 2 利用脚本创建选项

这次尝试用脚本配置列表框的选项。脚本内容如下。文件路径是 chapter4 \ store-input2. php。和 Step1 比，发生变更的地方用粉色字表示。

 store-input2. php · PHP

```php
<?php require '../header.php';?>
<p>请选择店铺。</p>
<form action="store-output.php" method="post">
<select name="code">
<?php
$store = [
    '新宿'=>100, '秋叶原'=>101, '上野'=>102, '横滨'=>200, '川崎'=>201,
    '札幌'=>300, '仙台'=>400, '名古屋'=>500, '京都'=>600, '博多'=>700
];
foreach ($store as $key => $value) {
    echo '<option value="', $value, '">', $key, '</option>';
}
?>
</select>
<p><input type="submit" value="确定"></p>
</form>
<?php require '../footer.php';?>
```

在浏览器里打开以下 URL，并执行脚本。

执行 http：//localhost/php/chapter4/store-input2. php

在正确执行的情况下，和 Step1 一样，页面上会显示"新宿"和"秋叶原"等选项的列表框和"确定"按钮。

解　说

数组的键与值

本次的脚本中想要保存的是以下的"店铺名"和"店铺代码"的组合。

▶ 新宿：100。

▶ 秋叶原：101。

▶ 上野：102。

…

PHP 的数组有存储"键"和"值"组的功能。在上述例子中，店铺名（新宿）是键，店铺代码（100）是值。通过键和值的存储机制，可以用指定键来获得相匹配的值。

使用 => 在数组中存储键和值的组合。

格式　　向数组中保存键和值的组合

```
数组 = [
    键 A => 值 A,
    键 B => 值 B,
    键 C => 值 C,    ...
];
```

也可以像下面这样汇总到一行中进行记述。

格式　　向数组中保存键和值的组合

```
数组 = [ 键 A => 值 A, 键 B => 值 B, 键 C => 值 C, ...];
```

在 Step2 的脚本中，向数组 $store 中存储了店铺名和店铺代码的组合。将店铺名作为键，店铺代码作为值，记述如下。

Fig　　向数组中保存店铺名和店铺代码

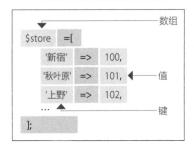

在实际脚本中，为了减少行数，省略了部分换行符，如下所示。

```
$store =[
    '新宿 '=>100, '秋叶原 '=>101, '上野 '=>102, '横滨 '=>2 00, '川崎 '=>201,
    '札幌 '=>3 00, '仙台 '=>4 00, '名古屋 '=>5 00, '京都 '=>6 00, '博多 '=>7 00
];
```

让我们记住！

数组可以存储键和值的组合。

◎ 关联数组

在许多编程语言中，数组的索引使用整数"0，1，2，…"。另一方面，通过在数组的索引中使用字符串，可以保存键和值的组合的数组称为关联数组。

PHP 的数组兼备了一般的数组功能和关联数组的功能。可以使用整数或者字符串来进行索引，也可以将两者混合在一起使用。

使用 foreach 循环取出键和值

从上面的数组中逐个提取出店铺名和值，生成 < option > 标签。

```
< option value = "店铺代码" >店铺名 < /option >
```

在数组中，店铺名是键，店铺代码是值。要取出这些值，需要按照下面的格式书写 foreach 循环。记述如下。与之前介绍的 foreach 循环的格式不同的是，as 之后不是"变量"而是"键的变量 => 值的变量"。

格式 **使用 foreach 循环取出数组中的键和值**
```
foreach (数组 as 键的变量 => 值的变量) {
    使用键的变量和值的变量进行的处理；
}
```

Fig **把键和值赋值给变量**

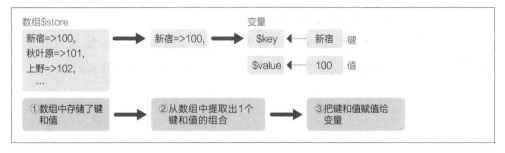

假设数组为 $store，键的变量为 $key，值的变量为 $value，实际的脚本内容如下所示。

```
foreach ($store as $key => $value) {
    echo '< option value = "', $value, '" >', $key, '< /option >';}
```

从数组中逐个取出一组键和值，并将它们分别存储在变量中。然后将变量中存储的

键和值用于生成 < option > 标签。

如果取出"新宿"和"100"的组合，把新宿赋值给 $key，把 100 赋值给 $value 后，使用这些变量生成以下标签。

```
< option value = "100" > 新宿 < /option >
```

显示选中的店铺代码

让我们创建一个脚本来显示选定店铺的店铺代码。脚本内容如下。文件路径是 chapter4\store-output.php。

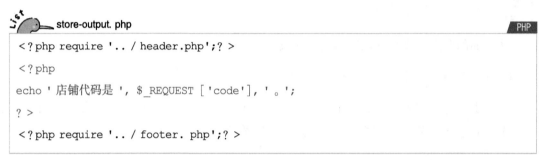

store-output.php   PHP

```php
<?php require '.. / header.php';? >
<?php
echo ' 店铺代码是 ', $_REQUEST [ 'code'], ' 。';
? >
<?php require '.. / footer.php';? >
```

在 Step1 或 Step2 的表单页面中，从列表中选择店铺名，单击"确定"按钮。显示对应店铺名的店铺代码。

Fig   显示店铺代码

在 Step1 和 Step2 中，将列表框的 name 属性设为 code。在这个列表框中选择的项目可以通过 $_REQUEST ['code'] 的请求参数来获得。

可从选择框的请求参数中获取的值是设置为 < option > 标签的 value 属性的值。在 Step2 中设定了店铺代码，在这里取得的店铺代码作为输出信息将其显示在页面上。

4.7

多个复选框和循环——foreach 循环

让我们来学习如何配置多个复选框，以及如何通过脚本获取所选复选框列表。复选框的配置和选择内容的获取都是使用 foreach 循环实现的。例题是创建从多个商品类型中选择感兴趣的类型的脚本。

▼这节的任务

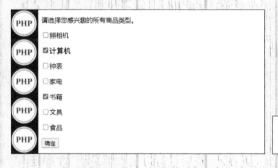

让我们取得选中的复选框项目并在页面上显示这些被选中的复选框项目。

Step 1　配置多个复选框

使用脚本配置多个复选框。脚本内容如下。文件路径是 chapter4\checks-input.php。

List　checks-input.php　　　　　　　　　　　　　　　　　　　　　　PHP

```php
<?php require '../header.php';?>
<p>请选择您感兴趣的所有商品类型。</p>
<form action="checks-output.php" method="post">
<?php
$genre=['照相机','计算机','钟表','家电','数据','文具','食品'];
```

```
foreach ($genre as $item) {

    echo '<p>';

    echo '<input type="checkbox" name="genre[]" value="', $item, '">';

    echo $item;

    echo '</p>';

}

?>

<p><input type="submit" value="确定"></p>

</form>

<?php require '../footer.php';?>
```

在浏览器里打开以下 URL，并执行脚本。

执行　http：//localhost/php/chapter4/checks-input. php

正确执行的情况下，页面上显示了"照相机"和"计算机"这样的多个复选框和"确定"按钮。

Fig　复选框和"确定"按钮

解　说

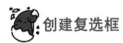创建复选框

使用数组和 foreach 循环创建多个复选框的方法与 4.5 节创建列表框的选项方法类似。

首先，将复选框旁边显示的字符串列表保存到数组中。因为表示的是商品种类，所以排列名是 $genre。

$genre =['照相机','计算机','钟表','家电','书籍','文具','食品'];

从数组 $genre 中逐个取出值，创建复选框。提取的值被赋值给变量 $item。

```
foreach ($genre as $item) {

    ...

}
```

 复选框的属性

下面是创建复选框的处理。

```
echo '<input type="checkbox" name="genre[]" value="', $item, '">';
```

要创建复选框，需要使用 <input> 标签，将 type 属性设为 checkbox。value 属性是"照相机"等商品类型的名称。以下是要创建的复选框的示例。

```
<input type="checkbox" name="genre[]" value="照相机">
```

与只放置一个复选框不同的是，这里在以 name 属性指定的复选框名称的最后加上 []。在表示类型的 genre 之后加上 []，变成 genre []。对于所有复选框，将 name 属性设为 genre []。通过添加 []，可以使用数组的方式获取数值。

```
<input type="checkbox" name="genre[]" value="计算机">
<input type="checkbox" name="genre[]" value="钟表">
...
```

在复选框中，name 属性的值是请求参数名称。复选框被勾选后，就会将 value 属性的值设置为请求参数。通过对 name 属性加上 []，可以使用数组获取多个值。

Fig 将 name 属性赋值给数组

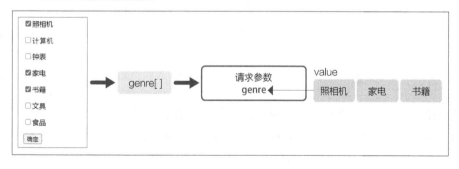

 让我们记住！

如果对复选框的 name 属性加上 []，可以使用数组获取多个属性值。

Step 2　获取选中的复选框列表

创建脚本以显示选中的复选框列表。脚本内容如下。文件路径是 chapter4\checks-output. php。

checks-output. php　　　　　　　　PHP

```php
<?php require '../header.php';?>
<?php
foreach ($_REQUEST['genre'] as $item)
    { echo '<p>', $item, '</p>';
}
echo '的特价消息将会发送给您。';
?>
<?php require '../footer.php';?>
```

在 Step1 的输入页面中，勾选复选框并单击"确定"按钮时，将显示选中项目的列表。如果勾选"计算机"和"书籍"，单击"确定"按钮后，在页面中就会显示"计算机"和"书籍"。

Fig　显示项目列表

 解　说

取得被勾选项目的列表

被勾选项目的列表，会被赋值给相对应的复选框名称的请求参数。

复选框名称为 genre [ ] 时，请求参数名称为 [genre]。可通过 $_REQUEST ['genre'] 取得复选框名称。

这个请求参数是数组。可以使用 foreach 循环，逐个取出勾选项目的列表并进行处理。在以下脚本中，提取的项目将存储在变量 $item 中。

```php
foreach ($_REQUEST['genre'] as $item) {
...
}
```

获得的项目是被设定为复选框 value 属性的字符串。在上面的例子中，页面上会显示取得的"计算机"和"书籍"等字符串。

◉ 没有项目被勾选的情况

这里介绍的示例，如果没有项目被勾选，则会显示错误。使用 4.1 节中介绍的 if 语句和 isset 函数修改脚本后，可以防止出现错误。

```
if (isset($_REQUEST['genre'])) {
    foreach ($_REQUEST['genre'] as $item) {
    ...
    }
}
```

第 4 章的总结

本章学习了 PHP 的条件分支（if, switch）和循环（for, while, foreach）的语法。关于循环，也说明了与数组组合使用的方法；而且还学习了使用复选框、单选按钮、列表框等控制的方法。

在下一章中，我们将会学习 PHP 提供的各种函数的用法。

第 5 章 熟练使用函数

在程序设计中，经常将一些常用的功能模块编写成函数，使其可以被简单调用和使用。

PHP 提供了很多内置的函数，程序员也可以定义函数。在这一章，我们会通过介绍一些实用函数的示例，来学习 PHP 内置函数的用法。

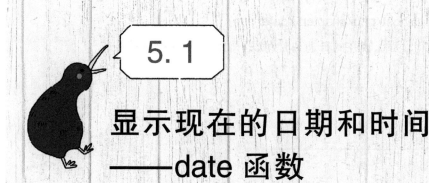

让我们在 Web 网页上显示当前的日期和时间吧。学习使用 date 函数以指定格式显示当前日期和时间的方法。

▼这节的任务

PHP 2020/11/15 23:07:02

2020年11月15日 23时07分02秒

PHP

> 在Web网页上显示脚本被执行的那一瞬间的日期和时间。

取得日期和时间并显示

让我们实现显示现在的日期和时间的功能吧。脚本内容如下。文件路径是 chapter5\date. php。

在 C：\xampp\htdocs\php 文件夹下，新建 chapter5 文件夹，把脚本保存在里面。另外也需要从 XAMPP 控制面板中启动 Apache。

date. php   PHP

```php
<?php require '.. / header.php';? >
<?php date_default_timezone_set ('Asia/Shanghai');
echo '<p>', date ('Y / m / dH: i: s'), '< / p>';
echo '<p>', date ('Y 年 m 月 d 日 H 时 i 分 s 秒 '), '< / p>';
? >
<?php require '.. / footer. php';? >
```

在浏览器里打开以下 URL，并执行脚本。

执行　http：//localhost/php/chapter5/date. php

如果能正确执行，那么现在的日期和时间以下面两种形式被显示出来。

Fig　**显示日期和时间**

解　说

调用函数

格式	调用函数
函数名 (参数)	

参数

参数是指传递给函数的信息。函数接收参数，并将该参数的信息用于计算和显示。一般情况下，即使调用相同的函数，在参数持有的值不同的时候，函数的行为也会发生变化。

函数决定了参数的个数和参数的作用。如果有多个参数，可以使用逗号"，"方式来区分。

格式	调用函数（指定多个参数）
函数名 (参数 1，参数 2，...)	

让我们记住！

函数的执行需要指定参数。

返回值

函数完成执行后，会将处理结果的值返回到调用方。这个值被称为返回值。

在表达式中也可以调用函数。函数完成执行后，调用函数的函数名（参数）部分将变为返回值。例如在 1＋函数名称（参数）＋2 的表达式中，如果返回值是 "3"，则会变成 1 ＋ 3 ＋ 2 这样的表达式。

Fig　利用返回值执行处理

让我们记住！

函数通过接收参数执行相关处理，执行结果被当作返回值传回给调用方。

设置时区

取得当前日期和时间时，必须指定时区。时区是指使用共同标准时间的地区。根据所在地或想取得的地区指定时区。

要使用 PHP 设置时区，需要调用 date_default_timezone_set 函数。

格式　date_default_timezone_set

```
date_default_timezone_set (时区)
```

例如想取得上海时间时，在参数的时区的地方指定 Asia/Shanghai 这个字符串。

```
date_default_timezone_set ('Asia/Shanghai')
```

函数的副作用

执行 date_default_timezone_set 函数后，设置脚本中使用的时区。函数在设定时区成功后会返回 TRUE，失败后会返回 FALSE，但在本次脚本中没有使用返回值。

就像这样，有时我们不使用函数的返回值，而仅以执行函数时获得的副作用为目的而调用函数，并且在函数的调用中，当返回值没有意义的时候，经常会返回 NULL。当没有返回值或者返回值为 NULL 时，调用一个函数的目的其实是为了它的副作用。

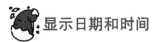显示日期和时间

显示日期和时间，需要使用 date 函数。

格式	date
date（格式字符串）	

date 函数取得当前日期和时间，根据指定的格式字符串对其格式化，并以字符串返回。下面介绍示例中用到的可以在格式中使用的字符。关于其他字符的含义，可以查阅链接中的 PHP 手册中 date 函数的部分。

▶ PHP 手册

URL　https：//www.php.net/manual/zh/index.php

Table　date 函数的格式（部分）

字　　符	说　　明
Y	年，4 位整数
m	月，2 位整数，有前置零
d	日，2 位整数，有前置零
H	时，2 位整数，有前置零，24 小时格式
i	分，2 位整数，有前置零
s	秒，2 位整数，有前置零

例如调用 date 函数 date（'Y/m/d H：i：s'）时，返回字符串"2016/07/30 07：20：37"。另一方面，调用函数 date（'Y 年 m 月 d 日 H 时 i 分 s 秒'）时，返回字符串"2016 年 07 月 30 日 07 时 20 分 37 秒"。

随机数是指每次生成时都会得到不同数字的机制。让我们学习使用生成随机数的 rand 函数，试着显示随机数。本节也会介绍取得指定范围内随机数的方法，以及使用随机数显示随机图像的方法。

▼本节的任务

> 让我们学习使用生成随机数的函数，并取得随机数值和图像。

step 1　生成随机数

尝试生成随机数，并显示在页面上。脚本内容如下。文件路径是 chapter5\rand. php。

List　rand. php　`PHP`

```php
<?php require '../header.php';?>
<?php
echo rand();
?>
<?php require '../footer.php';?>
```

在浏览器里打开以下 URL，并执行脚本。

`执行` http：//localhost/php/chapter5/rand. php

如果能正确执行，页面上会显示随机数。由于是随机的，结果可能与本书的执行页面不同。

Fig 显示随机数

25326

请在浏览器上更新页面。可以显示不同的随机数。

Fig 显示不同的随机数

1 3068

解 说

 rand 函数

为了取得随机数，需要用到 rand 函数。如果在不指定参数的情况下调用 rand 函数，则返回0 和最大随机数以下的随机数。

格式 rand

```
rand ()
```

随机数的最大值根据要执行的环境而不同。最大值可以通过 getrandmax 函数取得。

格式 getrandmax

```
getrandmax ()
```

在笔者的编程环境中，随机数的最大值是 32767。因此，rand 函数返回 0 以上 32767 以下的随机数。

 让我们记住！

可以通过 rand 函数获得随机数。

 step 2 生成指定范围的随机数

让我们尝试生成像骰子一样从 1 到 6 的随机数，并在页面上显示。rand 函数可以通过参数指定生成的随机数的范围。

脚本内容如下。文件路径是 chapter5\rand2. php。和 Step1 不同的地方用粉色字显示。

 rand2. php ` PHP `

```php
<?php require '../header.php';?>
<?php
echo rand(1, 6);
?>
<?php require '../footer.php';?>
```

在浏览器里打开以下 URL，并执行脚本。

执行　http：//localhost/php/chapter5/rand2. php

如果能正确执行，页面上会随机显示 1 到 6 范围内的随机数。

Fig　显示在 1 到 6 范围内的随机数

请在浏览器上更新几次页面，确认是否生成了 1 到 6 的随机数。

 解　说

rand 函数的参数

指定参数，调用 rand 函数，可以指定随机数的范围。

格式　**rand（指定范围）**

rand (最小值，最大值)

生成最小值或最大值以下的随机数。如果想生成 1 至 6 的随机数，像 rand（1，6）这样指定 "1" 和 "6"。

随机显示图像

从多个图像中随机选择一张，并在页面上显示。这可以用于随机选择并显示广告图像等信息。

脚本内容如下。文件路径是 chapter5\rand3. php。和 Step2 不同的地方用粉色字显示。

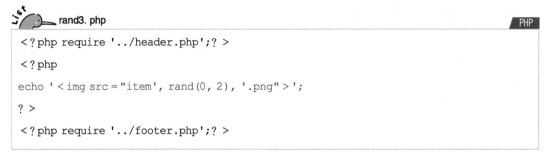

List rand3. php

```php
<?php require '../header.php';?>
<?php
echo '<img src="item', rand(0, 2), '.png">';
?>
<?php require '../footer.php';?>
```

在浏览器里打开以下 URL，并执行脚本。

执行 http：//localhost/php/chapter5/rand3. php

执行脚本的时候，需要将图像文件保存在与脚本相同的文件夹中。图像文件名请参照这个名字"item0. png"，在 item 后面输入连续的数字。图像格式是".png"。

如果能正确执行，脚本会生成 0 到 2 之间的随机数，然后在页面上显示图像。

Fig 显示图像

样本图像文件共有三种类型：

▶ item0. png（奇异鸟）。

▶ item1. png（主厨奇异鸟）。

▶ item2. png（服务员奇异鸟）。

示例数据中也包含了这些图像。请从本书的支持页面（1.4 节）下载，并将其保存在与脚本相同的文件夹中。此外，请在浏览器上试着更新几次页面，确认这些图像是否都被显示过。

解 说

生成图像文件的文件名

要在 HTML 上显示图像，请使用下面的 <img> 标签。这是显示 item0. png 的例子。

```
<img src="item0.png">';
```

如果我们使用随机数代替 item0. png 的"0"的部分，就可以显示随机的图像了。0 以上 2 以下的随机数可以使用 rand（0，2）生成。

利用随机数，生成 <img> 标签。

```
echo '<img src="item', rand(0, 2), '.png">';
```

上面的例子可以使每一次执行 echo 的时候都能使 "item0. png" "item1. png" "item2. png" 随机出现。

◎ 随机数的妙用

在 rand（）不指定参数的情况下，rand 函数生成的随机数的最大值可能是 32767 这样相对较小的值。如果想生成宽范围随机数，例如 0 或 100000 以下，请使用参数指定随机数的范围，如 rand（0, 100000）。

如果只想生成偶数或奇数的随机数，请使用以下方法。例如只生成 2 以上 10 以下的偶数随机数，使用 rand（1, 5）＊2 可以得到。只生成 1 以上 9 以下的奇数随机数，可以使用 rand（1, 5）＊2 - 1 或 rand（0, 4）＊2 + 1。

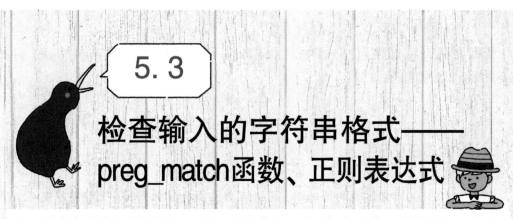

5.3

检查输入的字符串格式——preg_match函数、正则表达式

正则表达式是用于匹配字符串模式的记法。可以用于检查字符串是否符合正则表达式指定的格式。下面来学习利用正则表达式进行模式匹配的 preg_match 函数，并编写检查输入的邮政编码是否符合规定格式的脚本吧。

▼ 这节的任务

Step 1 创建邮政编码输入页面

让我们准备输入邮政编码的表单页面吧。脚本内容如下。

文件路径是 chapter5\postcode-input. php。

postcode-input. php | PHP

```php
<?php require '../header.php';?>
<p>请输入不带连字符的 7 位数邮政编码。</p>
<form action = "postcode-output.php" method = "post">
<input type = "text" name = "postcode">
<input type = "submit" value = "确定">
</form>
<?php require '../footer.php';?>
```

在浏览器里打开以下 URL，并执行脚本。

执行 http：//localhost/php/chapter5/postcode-input. php

如果能正确执行，页面会显示邮政编码的输入栏和"确定"按钮。

Fig **邮政编码的输入栏和"确定"按钮**

使用 < input > 标签创建用于输入邮政编码的文本框。因为输入的是邮政编码，所以 name 属性（请求参数名）定为 postcode。

```
< input type = "text" name = "postcode" >
```

使用正则表达式检查格式

让我们创建确认输入的邮政编码的格式，并显示格式是否正确的信息吧。脚本内容如下。文件路径是 chapter5\postcode-output. php。

List postcode-output. php   PHP

```php
<? php require '../header.php';? >
<? php
$postcode = $_REQUEST ['postcode'];
if (preg_match ('/^ [0-9] {7} $/', $postcode))
    { echo '确认的邮政编码为', $postcode, '。';
} else {
    echo $postcode, '不是规定格式的邮政编码。';
}
? >
<? php require '.. /footer. php';? >
```

要执行脚本，请在 Step1 的输入页面中输入邮政编码，单击"确定"按钮。如果输入的是没有连字符的 7 位邮政编码，页面会显示确认了邮政编码的信息。

Fig **格式正确的情况**

格式不正确的情况下，页面会显示不是规定格式的邮政编码的信息。

PHP 超入门

Fig 格式不正确的情况

> **PHP** 12345不是规定格式的邮政编码。

解 说

preg_match 函数

使用 preg_match 可以实现运用正则表达式的模式匹配的功能。

格式　**preg_match**

```
preg_match (模式, 输入字符串)
```

如果输入字符串和参数中指定的模式相匹配, 则 preg_match 函数会返回 "1"。如果不匹配, 则返回 "0"。

在 if 语句等条件表达式中使用 preg_match 函数时, "1" 被视为 TRUE, "0" 被视为 FALSE。0 以外的整数全部被视为 TRUE。参数中的模式使用正则表达式进行描述。表示7位没有连字符的邮政编码的模式, 可以像 ^ [0-9] {7} $ 这样记述。

这个模式的含义如下。

^: 行首

[0-9]: 0 到 9 的一个数字

{7}: 前面指定的字符重复出现 7 次

$: 行尾

也就是说, 这个模式表示是从行首到行尾, 由 0 和 9 之间的连续 7 个数字组成的格式。将此模式用 '/ 和 /' 框起来, 组成字符串 '/^ [0-9] {7} $/' 并将该字符串作为参数传递给 preg_ match 函数。

文本框中输入的邮政编码被设置为请求参数。在 Step2 的脚本中, 通过使用 $_RE-QUEST 取得相对应的请求参数, 从而取得输入的邮政编码, 并将其赋值给变量 $postcode。

```
$postcode = $_REQUEST ['postcode'];
```

将上述模式和 $postcode 字符串作为参数, 调用 preg_match 函数。

```
preg_match ('/^ [0-9] {7} $/', $postcode)
```

而且它还可以和 if-else 语句一起使用, 根据 preg_match 函数的返回值进行分支处理, 来显示不同的信息。

```
if (preg_match ('/^ [0-9] {7} $/', $postcode)) {
```

在 if 语句的条件中，指定 preg_match 函数的模式匹配的结果为 "1"，即 TRUE 的情况下执行 if 的处理，结果为 "0"，即 FALSE 的情况下执行 else 的处理。

创建输入页面（有连字符）

让我们稍微修改一下正则表达式，试着处理带连字符输入的邮政编码吧。首先准备邮政编码的输入页面。脚本内容如下。文件路径是 chapter5\postcode-input2. php。

和 Step1 不同的地方用粉色字显示。除了显示信息和 action 属性指定的输出脚本不一样外，其他都和没有连字符的脚本是一样的。

postcode-input2. php

```php
<?php require '../header.php';?>
<p>请输入用连字符连接的7位数邮政编码。</p>
<form action="postcode-output2.php" method="post">
<input type="text" name="postcode">
<input type="submit" value="确定">
</form>
<?php require '../footer.php';?>
```

在浏览器里打开以下 URL，并执行脚本。

执行 http：//localhost/php/chapter5/postcode-input2. php

如果能正确执行，和 Step1 一样，页面会显示邮政编码的输入栏和"确定"按钮。另外输入提示语变成了"请输入不带连字符的 7 位数邮政编码"。

Fig　邮政编码的输入栏和"确定"按钮

使用正则表达式检查格式（有连字符）

让我们检查输入的邮政编码的格式，在页面中显示格式是否正确的信息吧。脚本内容如下。文件路径是 chapter5\postcode-output2. php。和 Step2 不同的地方用粉色字显示。

postcode-output2. php

```php
<?php require '../header.php';?>
<?php
```

```
$postcode = $_REQUEST ['postcode'];
if (preg_match ('/^ [0-9] {3} - [0-9] {4} $/', $postcode)) {
    echo '确认的邮政编码为', $postcode, '。';
} else {
    echo $postcode, '不是规定格式的邮政编码。';
}
? >
< ?php require '.. /footer. php';? >
```

要执行脚本，请在 Step3 的输入页面中输入邮政编码，单击"确定"按钮。如果用连字符输入 7 位数的邮政编码，则会显示确认了邮政编码的信息。

Fig　格式正确的情况

确认的邮政编码为1234567。

格式不正确的情况下，页面会显示"不是规定格式的邮政编码"的信息。

Fig　格式不正确的情况

12345不是规定格式的邮政编码。

修改正则表达式

Step2 和 Step4 的脚本几乎相同，只有正则表达式不同。表示有 7 位连字符的邮政编码的模式，可以像^ [0-9] {3} - [0-9] {4} $这样记述。

这个模式的含义如下。

^：行首。

[0-9]：0 到 9 的一个数字。

{3}：前面指定的字符重复出现 3 次。

-：连字符。

[0-9]：0 到 9 的一个数字。

{4}：前面指定的字符重复出现 4 次。

$：行尾。

这个模式表示的是这样的 [123 - 4567] 格式。将此模式用'/和/'框起来形成字符串，这个字符串作为参数来调用 preg_match 函数的形式如下。

```
preg_match ('/^ [0-9] {3} - [0-9] {4} $/', $postcode)
```

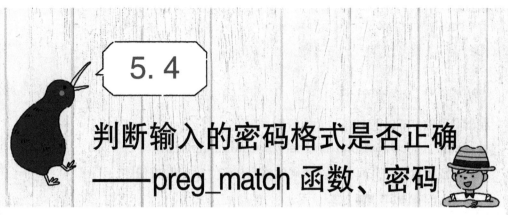

本节让我们使用正则表达式的模式匹配，创建判断输入密码格式是否正确的脚本。

正则表达式使用"8 个字符以上，英文小写字母，英文大写字母，数字各包含 1 个字符以上"的规则。

▼本节的任务

请输入密码。

(8个字符以上，英文小写字母，英文大写字母，数字各包含1个字符以上)

●●●●●●● 确定

输入的密码为「Pass1234」。

完成判断输入密码是否正确的处理功能。

---

step 1 创建密码的输入页面

创建用于输入密码的表单页面。脚本内容如下。文件路径是 chapter5 \ password-input. php。

password-input. php   PHP

```php
<?php require '../header.php';?>
<p>请输入密码。</p>
<p>(8 个字符以上,英文小写字母,英文大写字母,数字各包含 1 个字符以上)</p>
<form action="password-output.php" method="post">
```

```
< input type = "password" name = "password" >
< input type = "submit" value = "确定" >
< /form >
<?php require '../footer.php';? >
```

在浏览器里打开以下 URL，并执行脚本。

执行 http：//localhost/php/chapter5/password-input. php

如果能正确执行，页面会显示密码的输入栏和"确定"按钮。

Fig 密码的输入栏和"确定"按钮

密码的输入栏是使用 < input > 标签创建的。

```
< input type = "password" name = "password" >
```

如果将 type 属性设为 password，就可以创建密码输入栏。输入的字符串将不显示在页面上。name 属性（请求参数值）也取名为 password。

 让我们记住！

把 < input > 标签的 type 属性定为 password 时，就可以创建密码输入栏。

 step 2 使用正则表达式检查格式

使用正则表达式判断输入密码的格式是否正确，然后把该信息显示在页面上。脚本内容如下。文件路径是 chapter5 \password-output. php。

List password-output. php   PHP

```
<?php require '../header.php';? >
<?php
$password = $_REQUEST ['password'];
if (preg_match ('/ (? = . * [a - z]) (? = . * [A - Z]) (? = . * [0 - 9]) [a - zA - Z0 -
9] {8,} /',
    $password)) {
```

```
    echo '输入的密码为「', $password, '」。';
} else {
    echo '输入的密码「', $password, '」格式不正确。';
}
? >
< ? php require '../footer.php';? >
```

要执行脚本，请在 Step1 的输入页面中输入密码，单击"确定"按钮。例如输入
"Pass1234"这样的密码时，页面会显示格式正确的信息。

Fig　**格式正确的情况**

输入的密码为「Pass1234」。

输入［password］这样的密码时，页面上会显示格式不正确的信息。只有 8 个字符以
上，英文小写字母，英文大写字母，数字各包含 1 个字符以上的密码，才会被判定为格式
正确。

Fig　**格式不正确的情况**

输入的密码「password」格式不正确。

解　说

密码的正则表达式

用于密码的正则表达式，如下所示是一个比较复杂的式子。

```
(? = .*[a-z])(? = .*[A-Z])(? = .*[0-9])[a-zA-Z0-9]{8,}
```

这个模式的含义如下。

（? = . *［a-z］）：包含小写英文字母（从 a 到 z）。

（? = . *［A-Z］）：包含大写英文字母（从 a 到 z）。

（? = . *［0-9］）：包含数字（从 0 到 9）。

［a-zA-Z0-9］：小写英文字母，大写英文字母，数字中任意的 1 个字符。

{8,}：前面指定的字符重复出现 8 次以上。

在 Step2 的脚本中，通过请求参数取得输入的密码，并将其赋值给变量 $password。
同时密码输入栏也会将输入的内容赋值给请求参数。

```
$password = $_REQUEST ['password'];
```

用上面得到的变量 $password 作为参数，调用 preg_match 函数。这里和 if-else 讲述的内容一起，根据 preg_match 函数的返回值进行分支处理，显示不同的消息。

```
if (preg_match ('/ (? =. * [a - z]) (? =. * [A - Z]) (? =. * [0 - 9]) [a - zA - Z0 -
9] {8,} /',
    $password)) {
```

🔘 正则表达式

下面就样本中使用的正则表达式进行更详细的说明。

首先是［.］和［*］。［.］表示任意一个字符。［*］是前一个字符需要重复 0 次以上。两者组合的［. *］表示任意字符需要重复 0 次以上。

［］所包围的部分称为字符类别，表示字符集合。可以用［-］表示范围。例如［a-z］表示一个小写字母。

［0-9］表示 1 个数字，也有 \ d 这样的简化记法。如果使用这个记法的话，表示没有连字符的 7 位数邮政编码的正规表达式可以写成 ^\d{7} $。有连字符的话是 ^\d{3} - \d{4} $。请改写 5.3 节的脚本，实际执行看看。

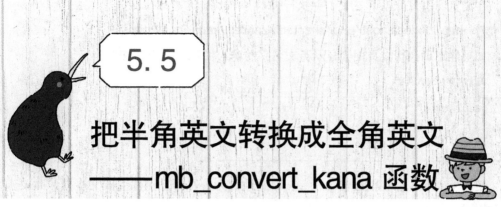

5.5

把半角英文转换成全角英文 ——mb_convert_kana 函数

让我们创建脚本，将半角英文转换成全角。输入英文时，输入内容本身可以是半角或全角，但输出结果都会以全角形式输出。

▼ 这节的任务

请输入名字的英文。

MATSUURAKENNICHIRO 确定

全角英文为「ＭＡＴＳＵＵＲＡＫＥＮＮＩＣＨＩＲＯＵ」。

让我们实现把输入的半角字符串转换成全角的处理功能。

Step
1
创建输入页面

创建输入英文的表单页面，脚本内容如下。文件路径是 chapter5\zenhan-kana-input. php。

zenhan-kana-input. php
`PHP`

```php
<?php require '../header.php';?>
<p>请输入名字的英文。</p>
<form action="zenhan-kana-output.php" method="post">
<input type="text" name="furigana">
<input type="submit" value="确定">
</form>
<?php require '../footer.php';?>
```

在浏览器里打开以下 URL，并执行脚本。

执行 http：//localhost/php/chapter5/zenhan-kana-input. php

如果能正确执行，页面会显示英文名字的输入栏和"确定"按钮。

Fig 英文名字的输入页面

使用 <input> 标签创建输入栏。type 属性设为 text 时，控件变成文本框。name 属性
（参数值）设为 eng。

```
< input type = "text" name = "eng" >
```

Step 2 从半角转换成全角

把它转换成全角，然后显示在页面上，脚本内容如下。文件路径是 chapter5\zenhan-
kana-output. php。

List zenhan-kana-output. php   PHP

```php
<?php require '../header.php';?>
<?php
echo '全角英文为「', mb_convert_kana($_REQUEST['furigana'], 'A'), '」。';
?>
<?php require '../footer.php';?>
```

要执行脚本，需要在 Step1 的输入页面中输入英文名字，单击"确定"按钮。如果输
入像"MATSUURAKENNICHIROU"这样的半角英文，就会转换成像"MATSUURAKENN-
NICHIROU"的全角英文。

Fig 从半角转换成全角

在输入的是全角英文的情况下，不进行变换，还是原来的全角形式。此外，输入非
英语和数字时，也会直接显示原本的内容。

 解 说

 mb_convert_kana 函数

mb_convert_kana 函数是 PHP 的多字节字符串函数的一种。多字节字符串函数是指为在计算机内部使用多个字节来表示类似中文的字符串提供各种功能的函数。多字节字符串函数在函数名称的开头带有 "mb"。

调用 mb_convert_kana 函数后，会把字符串中的半角英文转换成全角英文。

格式

```
mb_convert _kana (字符串, 'A')
```

用 Step2 的脚本，把输入的半角英文转换成全角的记述如下。

```
mb_convert_kana($_REQUEST['eng'], 'A')
```

通过 $_REQUEST 可以获取文本输入框相对应的请求参数。用存储在变量中的英文以及 'A' 作为参数来调用 mb_convert_kana 函数。

 让我们记住！

使用 mb_convert_kana 函数可以把半角英文转换成全角英文。

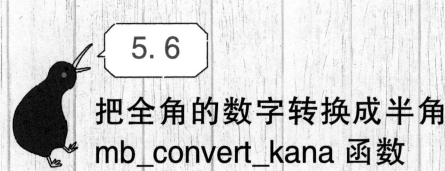

5.6

把全角的数字转换成半角—— mb_convert_kana 函数

创建将全角数字转换成半角数字的脚本。例如输入购买个数等数值时，半角和全角都可以输入，但可以把它们统一成半角。这种处理也可以用于输入邮政编码和地址。

▼这节的任务

step
1 创建输入数字的页面

创建输入购买商品数量的页面。脚本内容如下。文件路径是 chapter5 \zenhan-number-input. php。

zenhan – number-input. php `PHP`

```php
<?php require '../header.php';?>
<p>请输入购买数量。</p>
<form action="zenhan-number-output.php" method="post">
<input type="text" name="count">
<input type="submit" value="确定">
</form>
<?php require '../footer.php';?>
```

在浏览器里打开以下 URL，并执行脚本。

执行 http：//localhost/php/chapter5/zenhan – number-input. php

如果能正确执行，页面会显示购入数量的输入栏和"确定"按钮。

Fig 购入数量的输入栏和"确定"按钮

购买数量的输入栏（文本框）是使用 < input > 标签创建的。type 属性设为 text 时，name 属性（参数值）设为 count。

```
< input type = "text" name = "count" >
```

step 2 从全角转换到半角

如果输入的购买数量是全角数字，需要转换成半角数字的功能。此外，输入数字以外的信息时，需要显示错误信息。脚本内容如下。文件路径是 chapter5 \ zenhan-number-output. php。

List zenhan – number-output. php   PHP

```php
<? php require '../header.php';? >
<? php
$ count = mb_convert_kana ($ _REQUEST ['count'], 'n');
if (preg_match ('/ [0-9] +/', $ count)) {
    echo '购买数量为', $ count, '个。';
} else {
    echo $ count, '不是数字。';
}
? >
<? php require '.. /footer. php';? >
```

要执行脚本，请需要在 Step1 的输入页面中输入数字，单击"确定"按钮。例如输入"123"这样的全角数字，就会被转换成半角数字。

Fig 从全角数字转换成半角数字

如果输入的是半角数字，则不转换，还是原来的半角数字。另外，例如像"ABC"这样的输入情况时，会显示错误信息。

Fig **显示错误信息**

ABC不是数字。

 解 说

 使用 mb_convert_kana 函数对数字的转换

使用在 5.5 节中用于片假名转换的 mb_convert_kana 函数，全角数字可以转换成半角数字。此时参数有 2 个，如下所述。

格式　**mb_convert_kana（数字的转换）**

mb_convert_kana（字符串，选项）

想要把全角数字变换成半角的话，需要制定选项。**通过制定选项可以实现许多功能。**

mb_convert_kana（$_REQUEST ['count'], 'n'）;

其他的选项如下。多个选项可以组合使用。

Table　**mb_convert_kana 函数的选项**

选　项	含　义
r	把全角英文字母转换成半角
R	把半角英文字母转换成全角
n	把全角数字转换成半角
N	把半角数字转换成全角
a	把全角英文字母和数字转换成半角
A	把半角英文字母和数字转换成全角
s	把全角空格转换成半角
S	把半角空格转换成全角
k	把全角片假名转换成半角
K	把半角片假名转换成全角
h	把全角平假名转换成半角
H	把半角片假名转换成全角
c	把全角片假名转换成全角平假名
C	把全角平假名转换成全角片假名
V	把附带有浊音符的两个文字转换成一个字符浊音符，可以和 K 或者 H 组合使用

让我们记住！

使用 mb_convert_kana 函数的时候，通过制定不同的选项可以实现不同的转换处理。

使用正则表达式检查数值

使用正则表达式确定是否输入了数值。表示数值的模式可以如 [0-9] +那样描述。这个模式的意思如下。

[0-9]：0 到 9 的一个数字。

+：前面指定的字符重复出现 1 次以上。

这个表达式含义是说 "0 到 9 的任意一个数字重复出现 1 次以上"。使用这个模式作为参数，调用 preg_match 函数。

```
if (preg_match ('/ [0-9] +/', $count)) {
```

变量 $count 存储的是被转换到半角的数字。通过 if-else 判定 preg_match 函数的返回值，匹配模式时显示购买信息，不匹配时显示错误信息。

5.7

把投稿的信息保存到服务器——文件输入和输出

让我们学习创建一个脚本，用于读取和写入服务器上的文件。例题是关于留言板的。将被提交的信息写入文件并保存。读取保存的文件，并显示之前提交信息的列表。另外，将从文件中读取数据的行为称为文件输入。将数据写入文件的行为称为文件输出。

▼这节的任务

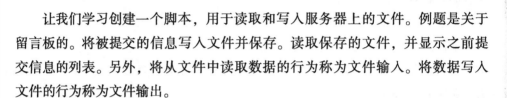

实现把输入的文本保存到服务器的处理，然后读取文件将内容显示出来的功能。

step 1　创建输入页面

创建提供文本输入表单的页面，脚本内容如下。文件路径是 chapter5 \ board-input. php。

List board-input. php   PHP

```php
<?php require '../header.php';?>
<p>请输入要投稿的信息。</p>
<form action="board-output.php" method="post">
<input type="text" name="message">
<input type="submit" value="投稿">
</form>
<?php require '../footer.php';?>
```

在浏览器里打开以下 URL，并执行脚本。

执行 http：//localhost/php/chapter5/board-input. php

如果能正确执行，页面会显示"投稿"按钮。

Fig 信息的输入栏

使用 < input > 标签创建信息的输入栏。type 属性设为 text，name 属性（参数值）设为 message。

```html
<input type="text" name="message">
```

Step
2 文件输入输出和信息显示

将输入的信息保存到文件中，同时读取之前发布的信息并显示出来。脚本内容如下。文件路径是 chapter5\board-output. php。

List board-output. php   PHP

```php
<?php require '../header.php';?>
<?php
$file = 'board.txt';
if (file_exists ($file)) {
    $board = json_decode (file_get_contents ($file));
}
$board [] = $_REQUEST ['message'];
file_put_contents ($file, json_encode ($board));
```

```
foreach ($board as $message) {
    echo '<p>', $message, '</p><hr>';
}
?>
<?php require '../footer.php';?>
```

要执行脚本，需要在 Step1 的输入栏中输入信息，单击"投稿"按钮。例如输入"这个设计不错。"的信息后，将显示所有投稿信息的列表。

Fig　**信息列表**

单击浏览器的"后退"按钮返回输入页面，依次输入"便宜所以买了。""马上就送到了。""缺货终于找到了。"并投稿。在投稿后，页面上会按顺序显示出信息列表。

Fig　**添加信息时显示的信息列表**

　解　说

文件操作

Step2 的脚本执行如下处理流程。

▶ ① 从文件中读入信息列表。

▶ ② 在信息列表中添加新信息。

▶ ③ 将信息列表写入文件。

▶ ④ 显示信息列表。

将信息保存到文件时，使用的是 JSON 形式。JSON 是 JavaScript Object Notation 的简称。

JSON 本来是源于编程语言 JavaScript 中的记载方法，但不仅限于 JavaScript，还被用于各种编程语言。在 PHP 中使用 JSON 的优点是可以简单地将字符串和数组等数据结构写入文件中，并读取。这里使用和 PHP 脚本在同一个文件夹里的 board.txt，作为保存信息列表的文件。

如上所述，在添加了四条信息之后的 board.txt 内容如下所示。

```
["\u8FD9\u4E2A\u8BBE\u8BA1\u4E0D\u9519\u3002",
"\u4FBF\u5B9C\u6240\u4EE5\u4E70\u4E86\u3002",
"\u9A6C\u4E0A\u5C31\u9001\u5230\u4E86\u3002",
"\u7F3A\u8D27\u7EC6\u4E8E\u627E\u5230\u4E86\u3002"]
```

在上述内容中为了容易阅读而换了行，但实际上 board. txt 中是没有换行的。被双引号
(") 包围的部分对应一个信息。4 个信息用逗号（,）隔开。" \ uXXXX 这样的记述是将信
息中包含的文字符用 UTF-8 来显示。在 XXXX 的部分，字符编码用 4 位的 16 进制来表示。

读取文件

首先从文件中读取信息列表。文件名的 board. txt 在脚本中会多次使用，因此将其赋
值给在变量 $file 方便使用。

```
$file = 'board.txt';
```

在读取文件时，使用 file_exists 函数来检查文件是否存在。

格式　　**file_exists**

```
file_exists (文件名)
```

file_exists 函数在指定文件存在时返回 TRUE，如果不存在则返回 FALSE。和 if 一起，
可以实现只在文件存在时读取文件的处理功能。

```
if (file_exists ($file)) {
```

读取文件需要用到 file_get_contents 函数。

格式　　**file_get_contents**

```
file_get_contents (文件名)
```

file_get_contents 函数读取文件时，会读取整个文件内容，并将其内容作为字符串返
回。使用方法如下。 $file 是存储了文件名的一个变量。

```
file_get_contents ($file)
```

由于读取的文件以 JSON 形式保存，需要转换成 PHP 处理的形式。我们需要使用输入
JSON 的 json_decode 函数。

格式　　**json_decode**

```
json_decode (字符串)
```

json_decode 函数会对 JSON 格式的字符串进行解析，转换成 PHP 的字符串和数组等

数据。这里将通过 file_get_contents 函数获得的字符串传递给 json_decode 函数。

```
json_decode (file_get_contents ($file))
```

将 json_decode 函数的返回值存储在变量 $board 中，以便稍后可以使用。

```
$board = json_decode (file_get_contents ($file));
```

让我们记住！

读取 JSON 文件的 3 个步骤：确认 JSON 文件是否存在、获取 JSON 文本内容的字符串、对获取的字符串进行解析。

添加到数组

需要用含有多个信息的数组来表示 board. txt 的内容。用 json_decode 函数转换后，转换结果会以 PHP 的数组形式返回。在接收了返回值的变量 $board 中，存储着包含信息的数组。

要在数组中添加新信息时，请使用以下语法。

格式　　**添加数组元素**

```
数组[] = 添加的数组元素
```

数组中存储的值被称为数组元素。使用上述语法，可以在数组的末尾添加新元素。

Fig　　**添加数组元素**

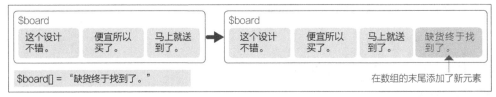

在此，通过请求参数取得信息输入栏的内容，并添加到变量 $board 中存储的数组末尾。因为要输入的文本框将 name 属性（请求参数名）设置为 message，所以输入的内容可以通过 $_REQUEST ['message'] 取得。

```
$board[] = $_REQUEST ['message'];
```

写入文件

为了保存信息，这里选择把信息写入文件中。首先为了把信息转换成 JSON 格式，使用 json_encode 函数。

格式　　**json_encode**

```
json_encode (值)
```

值部分也可以指定变量或表达式。在此指定存储信息数组变量 $board。

```
json_encode ( $board)
```

写入文件的处理，需要用到 file_put_contents 函数。

格式　**file_put_contents**

```
file_put_contents (文件名, 字符串)
```

file_put_contents 函数将指定的字符串写入指定的文件。这里指定转换成 JSON 格式的数组信息作为字符串的参数。目标文件名为变量 $file。

```
file_put_contents ($file, json_encode ($board));
```

显示信息

显示信息列表。$board 是数组，所以使用 foreach 循环会方便一点。

```
foreach ($board as $message) {
    echo '<p>', $message, '</p><hr>';
}
```

foreach 语句从 $board 中逐条取得信息，并保存在变量 $message 中。在屏幕上重复显示此 $message 的过程，直到数组的最后一个元素。信息之间使用 <hr> 标签，以实现水平线的分隔效果。

◎ **file_put_contents 函数的动作**

file_put_contents 函数，在写入的文件不存在时，会新建文件进行写入处理。文件存在时会覆盖现有文件。

◎ **数值的存储**

虽然例子中的信息数组以字符串数组的形式被写入文件，但是其他格式的数据也是可以用同样的方法写入的。例如使用 json_encode 函数和 file_put_contents 函数也可以写入数值格式的数组数据。

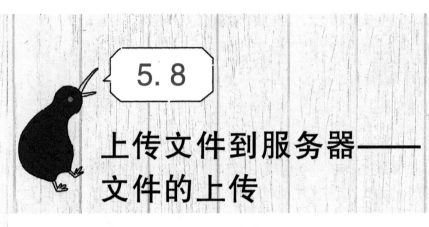

5.8

上传文件到服务器——文件的上传

让我们创建将文件上传到服务器的脚本。可以实现在 SNS 上上传个人简介用的照片等功能。

▼本节的任务

请指定要上传的文件。

选择文件 item0.png

上传

实现把文件上传到服务器的功能。

创建选择文件的页面

step 1

让我们创建选择上传文件的页面，脚本内容如下。文件路径是 chapter5 \ upload-input. php。

upload-input. php

`PHP`

```php
<?php require '../header.php';?>
<p>请指定要上传的文件。</p>
<form action="upload-output.php" method="post"
    enctype="multipart/form-data">
<p><input type="file" name="file"></p>
<p><input type="submit" value="上传"></p>
</form>
<?php require '../footer.php';?>
```

在浏览器里打开以下 URL，并执行脚本。

执行　http：//localhost/php/chapter5/upload-input.php

如果能正确执行，页面会显示"选择文件"按钮和"上传"按钮。

Fig　**选择文件的页面**

 解　说

用于上传的表单

　　要实现上传文件的功能，需要使用到以下 < form > 标签。要点是在 enctype 属性中指定 multipart/form-data。

```
< form action = "upload-output.php" method = "post"
    enctype = "multipart/form-data" >
```

　　下面需要记述 < input > 标签，将 type 属性设为 file。这将显示文件选择按钮。

```
< input type = "file" name = "file" >
```

　　name 属性（请求参数值）为 file。

让我们记住！

　　在 type 属性中指定 file，控件就会变成文件栏。

　　enctype 和 multipart/form-data 的含义

　　enctype 是用于指定 MIME 类型的属性。MIME（Multipurpose Internet Mail Extension）是规定了表现数据种类的方法和转换数据的方法的规格。原本是用邮件处理各种数据的标准，但现在也使用在 Web 网页中。

　　multipart/form-data 是在 HTTP 上传文件时使用的 MIME 类型。multipart 是用于汇总多个文件的形式，在邮件中用于汇总正文和附件。在 HTTP 的情况下，它被用于汇总表单的输入内容和要上传的文件。

保存文件到服务器

让我们创建脚本，将上传的文件保存在服务器上，如果是图像文件，则在浏览器上显示图像。脚本内容如下。文件路径是 chapter5\upload-output. php。

List 🥝 upload-output. php   PHP

```php
<?php require '../header.php';?>
<?php
if (is_uploaded_file ($_FILES ['file'] ['tmp_name']))
    { if (! file_exists ('upload')) {
        mkdir ('upload');
    }
    $file = 'upload/'. basename ($_FILES ['file'] ['name']);
    if (move_uploaded_file ($_FILES ['file'] ['tmp_name'], $file))
        { echo $file, ', 上传成功。';
        echo '<p> <img src =" ', $file, '" > </p>';
    } else {
        echo '上传失败。';
    }
} else {
    echo '请选择文件。';
}
?>
<?php require '.. /footer. php';?>
```

要执行脚本，需要在 Step1 的输入页面中选择文件。图像文件的形式是任意的，但是推荐使用能在浏览器上显示的图像文件类型。例如选择以下图像（item0. png）。

Fig **上传的图像**

选择文件后，单击"上传"按钮，文件将被上传到服务器。选择图像文件（可在浏览器中显示）时，在显示上传完成信息的同时也显示图像。

此外，文件将在与脚本相同的文件夹内新建名为"upload"的文件夹，并保存在其中。

Fig　上传的结果

检查上传的文件

通过由 < form > 标签创建的文件选择按钮，上传的文件将首先被保存在临时文件中。此临时文件的文件名可通过以下记述获取。

```
$_FILES ['file'] ['tmp_name']
```

$_FILES 是 PHP 的内置变量。file 是输入页面的中的"选择"按钮的 name 属性值。通过指定 tmp_name，可以获取临时文件的名称。

在此检查获取的临时文件是否是从输入页面上传来的文件。这里需要使用 is_uploaded_file 函数。

　is_uploaded_file

```
is_uploaded_file（文件名）
```

如果确实是上传的文件，is_uploaded_file 函数将返回 TRUE。与 if 语句一起使用，可以实现只有临时文件与上传的文件相符时才能进行处理的功能。

```
if (is_uploaded_file ($_FILES ['file'] ['tmp_name'])) {
```

🔘 临时文件

在浏览器上上传文件后，文件内容会发送到服务器端。PHP 将接收到的文件内容保存到服务器端的临时文件中。脚本结束后，此文件将自动删除。

对于临时文件，PHP 会取与原始文件名不同的名称。此名称可通过 tmp_name 获取。

 PHP 超入门

 is_uploaded_file 函数的含义

is_uploaded_file 函数检查指定的文件是否是上传的文件。这个确认是出于安全的考量。例如可以预防通过替换上传文件内容对服务器的重要文件进行操控的攻击。

新建文件夹

在服务器上创建文件夹以保存上传的文件。首先使用 file_exists 函数来检查保存目标文件夹是否已经存在。

格式	file_exists

```
file_exists（文件夹名）
```

如果指定为 file_exists 函数参数的文件夹已经存在，则返回 TRUE。不存在时，返回 FALSE。这里为了在文件夹不存在时能够创建文件夹，需要使用 if 语句。文件夹名为 up-load。

```
if (! file_exists ('upload')) {
```

附加在 file_exists 之前的! 是令 TRUE 和 FALSE 反转的运算符。"！"是逻辑运算符的一种，被称为"非"。通过在 if 语句的表达式加上"！"，可以实现表达式的结果不是 TRUE 的情况下的处理功能。

新建文件夹需要使用 mkdir 函数。

格式	mkdir

```
mkdir(文件夹)
```

需要新建 upload 文件夹的语句如下所示。

```
mkdir('upload');
```

mkdir 函数的功能是在执行该指令的脚本所在文件夹下面新建通过参数指定的文件夹。在此示例中，在 chapter5 文件夹下面新建 upload 文件夹。

 让我们记住！

在 if 的条件表达式中使用"！"可以让条件表达式的结果反转。

if 语句的嵌套

在 Step2 的脚本中，if 语句中记述了 if 语句。如上所述，在控制结构中包含相同的控制结构被称为"嵌套"。不仅是 if 语句，if-else 语句、for 循环、while 循环等也可以嵌套使用。

```
if (is_uploaded_file (...)) {
  ...
  if (move_uploaded_file (...)) {
    ...
  }
  ...
}
```

保存上传的文件

保存上传的文件。首先获取上传文件的名称，并新建要存放文件的文件夹。上传文件的文件名可通过以下描述获取。file 是在创建输入页面时设定的文件按钮的名称（name 属性的值）。

```
$_FILES ['file'] ['name']
```

例如上传 test0. png 时，在上述记述中可以取得包含文件名"test0. png"的文件路径。此时，如果路径中含有不正确的文件夹名等，会不方便，所以使用如下 basename 函数只取文件名。

格式　**basename**

```
basename (路径)
```

basename 函数的参数是路径。路径是像 xampp\htdocs\php\chapter5 等表示文件夹和文件位置的字符串。将文件夹名和文件名用 \ 或者/等分隔符分开排列。basename 函数只提取路径末尾的文件夹名或文件名。

使用 basename 函数获取上传的文件名。

```
basename($_FILES ['file'] ['name'])
```

在这个文件名前面追加 upload 这个文件夹的名字。

```
'upload/'.basename($_FILES['file']['name'])
```

使用 "." 运算符连接文件夹名和文件名。文件夹名和文件名之间用/分隔。将创建的文件名保存到变量 $file 中。

```
$file = 'upload/'.basename($_FILES['file']['name']);
```

将上传的临时文件移动到要指定保存的文件时，需要使用 move_uploaded_file 函数。临时文件在脚本结束后会被删除。移动到另一个保存位置可以在脚本完成后保留上传文件。

格式　move_uploaded_file

```
move_uploaded_file(临时文件,保存目标文件)
```

move_uploaded_file 函数在成功时返回 TRUE。与 if 语句组合一起使用，可以实现移动成功时显示信息的功能。

```
if (move_uploaded_file($_FILES['file']['tmp_name'], $file))
    { echo $file, ', 上传成功。';
```

成功时，将上传的图像显示在页面上。使用以下脚本生成图像显示的标签。

```
echo '<p><img src="', $file, '"></p>';
```

例如上传文件为 test0. png 的情况下，会生成以下的 <img> 标签和 <p> 标签。

```
<p><img src="upload/test0.png"></p>
```

让我们记住！

使用 move_uploaded_file 函数可以将临时文件移动到保存位置。

第5章的总结

本章学习了 PHP 提供的各种内置函数的使用方法。因为 PHP 有很多方便的函数，所以可以用简单的脚本来实现 Web 应用所需要的功能。

PHP 手册（https://www.php.net/manual/zh/index.php）中提供有关于 PHP 内置函数的说明。可以用来调查本书介绍的函数，或者学习其他函数。

在下一章中，我们将学习 PHP 和数据库相连接的方法。

第6章 数据库的
基础和操作

　　本章将学习数据库。数据库可以保存商品的库存信息和登录用户相关的数据，也可以从中检索。这些都是创建购物网站时所必不可少的功能。

　　要操作数据库，我们需要使用被称为 SQL 的编程语言。在本章中，为了进行数据库的创建、检索、更新等，将学习基本的 SQL 语法，并且学习使用 PHP 操作数据库的方法。通过使用 PHP 操作数据库，可以开发出具备处理各种数据功能的 Web 应用程序。

PHP超入门

6.1 数据库的基础

"数据库"用于收集数据，而且它不只是数据的集合，而是会被整理成容易进行检索和更新等处理的格式。数据库的英文是database，简称为DB。

Fig　什么是数据库

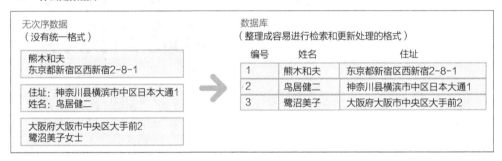

用于在计算机上构建或操作数据库的软件称为［数据库管理系统］。英文是database management system，有时简称为DBMS。

Fig　什么是数据库管理系统

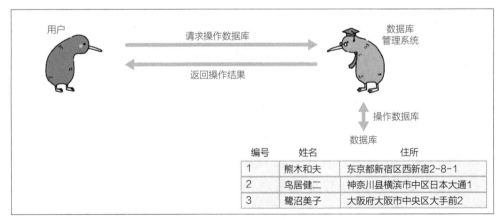

在购物网站上，为了管理客户的住址和购买记录等信息和相关产品的信息，需要使用数据库。PHP脚本负责根据网站上的用户操作，从数据库中读取必要的数据或者追加

数据。

本章学习数据库的结构和操作数据库的 PHP 脚本的写法。首先理解数据库的结构吧。

表格、行、列

在数据库中，目前广泛使用的形式被称为"关系数据库"。本书中的"数据库"一词，除非特别说明以外，所指的就是关系数据库。

关系数据库的管理系统称为"关系数据库管理系统"。把 relational database management system 略称为"RDBMS"。

数据库以表格的格式管理数据。这张表被称为"表格"。

Fig　**数据库中的表格**

编号	姓名	住所
1	熊木和夫	东京都新宿区西新宿2-8-1
2	鸟居健二	神奈川县横滨市中区日本大通1
3	鹭沼美子	大阪府大阪市中央区大手前2

表格被分成格子状。横向排列的格子群被称为"行"，纵向排列的格子群被称为"列"。

Fig　**行和列**

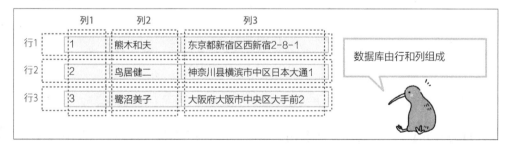

例如制作住址记录的表格，将姓名和住址保存在其中。为了识别个人，需要事先给其编码。

表格中的列数对应于要存储的数据的种类数。这种情况下，数据的种类数是编码、姓名、住址三种，所以要创建列数为"3"的表格。在创建表格时，决定列数的同时，决定各个列中存储什么样的数据。

表格中的行数对应于要存储的数据的个数。1 个数据（这个情况是 1 个人的住址信息）被汇总到 1 行。

添加表格的行是比较容易的。如果是住址的话，增加行相当于增加登录人数。只要内存和磁盘等存储容量允许，就可以追加数据行，也可以删除不需要的行。

Fig 表格中添加行是容易的

如果在制作表格时决定了列的构成，之后最好不要变更。修改列的结构会影响整个表格。例如要追加邮政编码的行列，需要在所有的行中添加邮政编码的数据。**在使用中需要从一开始就明确表格的用途，尽量不要更改列的构成。**

Fig 变更列的构成会影响整个表格

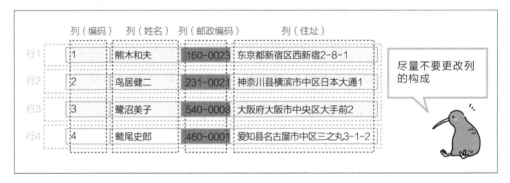

 MySQL（MariaDB）

目前大量的 RDBMS 产品被开发和利用。其中本书使用的 XAMPP 附带的 RDBMS 为"MariaDB"。MariaDB 是作为 MySQL 的派生产品而被开发的 RDBMS。它的作者是被广泛使用在业务系统中的 RDBMS MySQL 的作者。MariaDB 的使用方法和 MySQL 是共通的。

在 XAMPP 附带的工具（例如 XAMPP 控制面板）中，MariaDB 显示为"MySQL"。因此在本书中使用"MySQL"这种叫法。

SQL

SQL 是为了利用 RDBMS 而被创建的编程语言。可以使用 SQL 创建数据库或表格，添加数据，查找符合特定条件的数据。

按照 SQL 语法写的一整套处理逻辑被称为 SQL 语句。当用户对 RDBMS 执行 SQL 语句时，RDBMS 将对数据库执行 SQL 语句，并将结果返回给用户。

Fig SQL 的工作机理

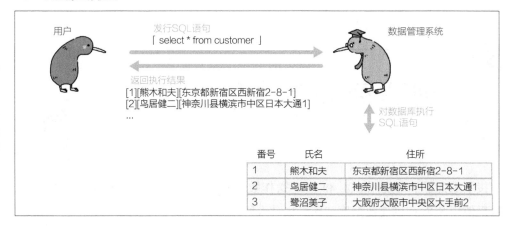

SQL 语法与本书中学习的 PHP 语法不同。但都是由简单的英语单词和符号组合构成的，所以也不难学习。本书只针对创建数据库、创建表格、数据检索、数据追加、数据更新、数据删除等操作的 SQL 语法进行说明。

PHP超入门

6.2

创建商品数据库

接下来为了学习使用 SQL 和 PHP 操作数据库的方法，将创建示例数据库。在这里使用 SQL 在创建数据库的同时也录入所需的数据。

▼ 本节的任务

> 通过创建商品信息数据库，来完成本节学习。

启动 MySQL

使用 SQL 创建数据库。为了执行 SQL，首先必须启动 RDBMS。单击任务栏的 XAMPP 图标，打开 XAMPP 控制面板。这里假设已经从 XAMPP 控制面板中启动了 Apache。

Fig　XAMPP 图标

当 XAMPP 控制面板打开时，选择 "MySQL" 右侧的 "Start" 按钮❶，启动 MySQL。

Fig　在 XAMPP 控制面板中启动 MySQL

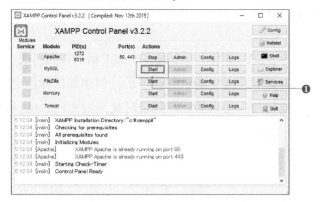

单击"Start"按钮，可能会花一些时间，最后 MySQL 会启动。MySQL 右侧的按钮从"Start"变为"Stop"，在"PID（s）"和"Port（s）"栏显示数值后，表明 MySQL 顺利启动了。PID（进程 ID）是执行中的 MySQL 在 OS 中的（Windows 或 Linux）识别编号。Port 是表示 MySQL 使用网络进行通信的网络端口号码。

Fig　MySQL 运行后的 XAMPP 控制面板情况

单击"Stop"按钮后，可以停止 MySQL。不必要的情况下请不要单击"Stop"按钮，保持 MySQL 启动的状态。另外，即使单击"Stop"按钮使 MySQL 暂时停止，保存在数据库中的内容也不会丢失，请放心。

让我们记住！

从 XAMPP 控制面板启动 MySQL。

◉ 在使用 Mac OS X 的情况下

单击 Applications/XAMPP 文件夹内的 manage-osx. app，打开 XAMPP 控制面板。选择"Manage Servers"选项卡，从服务器列表中选择"MySQL Database"，然后单击"Start"按钮。

STEP 2 执行创建数据库的 SQL 脚本

用 SQL 编写的程序有时被称为 SQL 脚本。SQL 脚本由一个或多个 SQL 语句排列组成。

这里准备了创建商品信息数据库的 SQL 脚本。执行该 SQL 脚本后，创建数据库，定义商品表格，添加商品数据。另外，也创建使用数据库的用户登录时使用的密码。这里以店铺管理的商品信息为设想的数据库如下表所示。

Table　创建的数据库

项　　目	名　　字
数据库名	shop
表格名	product
用户名	staff
密码	password

为了方便记忆，这里特意使用了"password"这个密码。实际运用时，请使用他人难猜的密码。在表格中定义下表的"列"。创建表格时，必须通过这样定义列来确定表格的结构。

Table　定义表格

列	保 存 数 据	数据的种类
id	商品编号	数值
name	商品名	字符串
price	价格	数值

这里执行的 SQL 脚本的文件是 chapter6\product. sql。这个文件可以手动输入，建议直接使用本书的示例数据。product. sql 收录在示例数据的"chapter6"文件夹中。

创建的数据库、表格和用户关系如下。

Fig　商品信息数据库

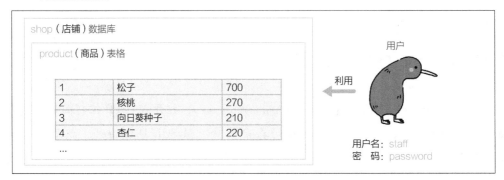

 product. sql

6.2

创建商品数据库

```
drop database if exists shop;
create database shop default character set utf8 collate utf8_general_ci; grant all on
shop. * to 'staff'@'localhost' identified by 'password';
use shop;

create table product (
id int auto_increment primary key, name
varchar (200) not null,
price int not null

SQL

);

insert into product values (null, '松子 ', 700);
insert into product values (null, '核桃', 270);
insert into product values (null, '向日葵种子', 210);
insert into product values (null, '杏仁', 220);
insert into product values (null, '腰果', 250);
insert into product values (null, '大玉米', 180);
insert into product values (null, '开心果 ', 310);
insert into product values (null, '澳洲坚果', 600);
insert into product values (null, '南瓜种子', 180);
insert into product values (null, '花生 ', 150);
insert into product values (null, '枸杞', 400);
```

 解 说

SQL 脚本的输入和执行方法

为了在 XAMPP 中执行 SQL 脚本，使用附属于 XAMPP 的 "phpMyAdmin"。要启动
phpMyAdmin，请在 XAMPP 控制面板上单击 MySQL 右侧的 "Admin" 按钮❶。

PHP 超入门

Fig 从 XAMPP 控制面板上启动 phpMyAdmin

单击"Admin"按钮后，在浏览器上打开 phpMyAdmin 的页面。在页面内的"外观设置"中的"语言 – Language"项目❷中可以选择显示语言。本书选择了"中文-Chinese simplified"。

Fig 选择显示语言

另外，在将显示语言转换成中文的情况下，有时会出现信息乱码的情况。在这种情况下，单击页面左上角的 phpMyAdmin 的 logo，回到首页，可以消除乱码。

为了使用 phpMyAdmin 来执行 SQL，从页面上方排列的标签中选择"SQL"标签❸。

Fig 在 phpMyAdmin 中选择"SQL"标签

在"SQL"选项卡中，显示"在服务器"127.0.0.1"运行 SQL 查询:"下面的空白区域是 SQL 的输入栏。在这个输入栏❹中输入 product. sql 的内容。在文本编辑器中打开 product. sql，全部选择后复制、粘贴到输入栏。

输入 SQL 脚本后，单击输入栏右下方的"执行"按钮❺。

Fig 在 SQL 的输入栏中输入 SQL 脚本的内容

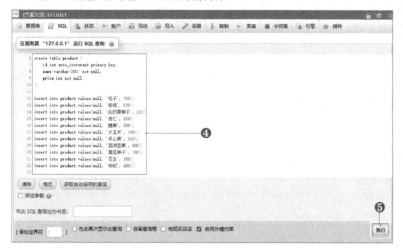

如果正常执行后，屏幕上会显示出勾选标记和"插入了 1 行。"的信息。

Fig SQL 脚本被正常执行的情况

页面左侧显示 MySQL 管理的数据库或表格的列表。列表中有"shop"项目，如果 shop 下面有"product"项目的话，说明 product. sql 是被正常执行的。这些项目代表了 shop 数据库和 product 表格。如果没有显示 shop，请试着刷新页面。

Fig "shop"被添加到列表中

另外，在输入 SQL 脚本时，第 3 行如下所示。

```
grant all on shop. * to 'staff'@ 'localhost' identified by 'password';
```

在这个地方出现了 "Unrecognized statement type.（near grant）" 的错误信息。这个地方是由于 phpMyAdmin 语法检查功能的故障，报告了错误，但脚本本身是可以正常执行的。如果显示了同样的错误，可以不用理会继续执行 SQL 脚本。

◉ 在使用 Mac OS X 的情况下

启动 Apache 和 MySQL 后，在浏览器上打开 "http：//localhost/"。选择页面上部 phpMyAdmin 的链接后，phpMyAdmin 将启动。

创建数据库和用户

从这里开始是关于 SQL 脚本（product. sql）内容的解说。这个解说有点长，即使不读也能继续学习，所以可以跳过，日后再读也没关系。当然，如果阅读的话，可以更深刻地理解数据库的操作。

🐦 删除数据库

product. sql 的开头内容是，如果 shop 数据库已经存在，则删除 shop 数据库。

```
drop database if exists shop;
```

drop database 是 SQL 删除数据库的命令。if exists 表示 "指定数据库是否存在" 的条件判断。

🐦 创建数据库

下面的语句创建名为 shop 的数据库。

```
create database shop default character set utf8 collate utf8_general_ci;
```

create database 是创建数据库的命令。命令后面指定要创建数据库的名称。

default character set 表示数据库中使用的字符编码。这里指定的是显示 UTF-8 字符的 "utf8" 编码。

collate 表示在数据库中决定行的排列顺序的方式。这里指定使用 UTF-8 的方式之一的 "utf8 general ci"。关于 MySQL 中 collate 的详细说明，可以在下面的链接里查阅。

https：//dev. mysql. com/doc/refman/5. 6/en/charset – collations. html。

🥝 创建用户

接下来创建用户，用于操作 shop 数据库。

```
grant all on shop.* to 'staff'@'localhost' identified by 'password';
```

grant 是用于给用户提供操作数据库权限的命令。如果指定的用户不存在，还可以创建新的用户。all on shop. * 表示对 shop 数据库的所有表格给予全部权限。

to 以下是用户名和主机名。这里指定了主机 "localhost" 的用户 "staff"。如果已经存在名为 staff 的用户，则设置权限；如果不存在，则在添加新用户的同时设置权限。

identified by 以下是用户登录数据库的密码，这里指定密码 "password"。

🥝 连接数据库

最后连接到创建的 shop 数据库。

```
use shop;
```

use 是用于连接到数据库的命令。这里连接到 shop 数据库。以后的操作适用于 shop 数据库。

到此为止的处理已经创建了 shop 数据库、staf 用户和连接密码。然后连接到了 shop 数据库。

Fig **创建数据库和用户**

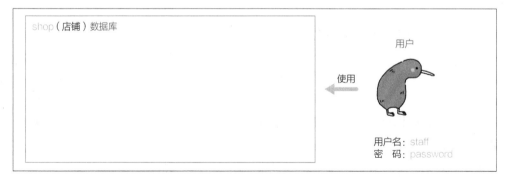

 创建表格

目前已经建立了数据库和使用它的用户（密码）。接下来就要在数据库中创建表格。

```
create table product (
    id int auto_increment primary key,
    name varchar (200) not null,
    price int not null
);
```

create table 是创建表格的命令。在此创建 product 表格。在 create table 命令的"（"和"）"之间，用逗号","分隔表格中要创建的列。

🐦 商品编号的列

创建第 1 列。

```
id int auto_increment primary key,
```

id 是列的名称，int 是列的数据类型。这一列表示商品编号，所以把名字设定为 id，数据类型设定为整数。int 是 integer（整数）的缩写。

指定 auto_increment 后，追加行时会自动增加编号。如果之前 id 的最大值是"3"时追加行，新行的 id 会自动设定为"4"。这里想自动分配商品号码，所以指定了 auto_increment。

primary key 表示用于唯一识别行的值。primary key 被称为"主键"。主键字需要按行指定不同的值。

🐦 商品的列

创建第 2 列。这列用于存储商品名。

```
name varchar(200) not null,
```

列的名字是 name，类型是 varchar（200）。varchar 表示可变长度字符串。（）内的数值表示用于存储字符串区域的最大长度。这里最大长度为 200 个字符串。另外，实际存储的文字数因文字的种类而不同。

因为英文字母和汉字在存储一个文字时所需的存储空间的长度是不同的。

not null 表示不能将该列设为 null 的制约。null 是"没有设定值"的特殊状态的表述。这里规定商品名称不能是未设定状态。

🐦 价格的列

创建第 3 列。这列用于存储价格。

```
price int not null
```

列的名称是 price，类型是整数。和商品名一样，价格也限制为 not null，意思是禁止该处数据为未设定状态。

到此为止，我们在 shop 数据库内部定义了 product 表格。

Fig　创建表格

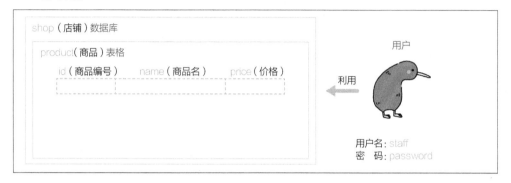

添加数据

在 product 表中添加商品数据。为了检索数据，需要在表格中写入数据。下面的脚本中每行指定一个数据。

```
insert into product values(null, '松子', 700); insert
into product values(null, '核桃', 270); insert into
product values(null, '向日葵种子', 210);
...
```

insert into 是用于在指定表格中添加新的行数据的命令。在此向 product 表格添加行数据。

追加的数据用到 values（...）语句。在（）内，用 "，" 分隔各列的数据。按照表格中定义的列的顺序指定数据。例如商品名为 "松子"，价格为 "700" 时，追加时的格式如下。

```
null, '松子', 700
```

第 1 列是商品编号。该列指定 "auto-increament"，自动分配编号。通过指定 "null" 达到自动编号的效果。

第 2 列是商品名。字符串数据以 " ' " 括起。

第 3 列是价格。数值的数据可以直接记述。

以下行也同样使用 insert 命令添加行。在这里假定销售坚果类的商品，追加了 10 种左右的商品数据。

PHP 超入门

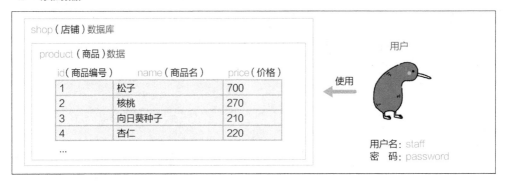

Fig　添加数据

shop（店铺）数据库

product（商品）数据

id（商品编号）	name（商品名）	price（价格）
1	松子	700
2	核桃	270
3	向日葵种子	210
4	杏仁	220
...		

用户

使用

用户名：staff
密　码：password

6.3

显示商品列表——
数据的取得

我们将使用创建在 shop 数据库中的 product 表，学习使用 SQL 的数据库操作方法和使用 PHP 操作数据库的编程方法。首先要做的是试着显示注册在 product 表中的商品列表。

▼本节的任务

Step
1

使用 phpMyAdmin 显示商品列表

首先使用 phpMyAdmin。选择 phpMyAdmin 的 "数据库" 选项卡❶，从数据库列表中选择 "shop" ❷（单击 "shop"）。或者从 phpMyAdmin 左侧显示的数据库列表中选择 "shop"。

Fig 从数据库列表中选择 shop

PHP 超入门

接下来从 phpMyAdmin 上方的标签中选择 "SQL" ❸。选项卡下方的 SQL 输入栏中显示 "在数据库 shop 运行 SQL 查询："。在这种状态下，输入 SQL 脚本❹，则可以对 shop 数据库做相应的操作。执行时，请选择输入栏右下方的"执行"按钮❺。

Fig　对 shop 数据库执行 SQL

在 SQL 的输入栏中输入以下 SQL 脚本。文件路径是 chapter6\all.sql。

　all.sql

```
select * from product;
```

该 SQL 脚本使用 select 语句选择指定的表格。

正确输入 SQL 脚本后并执行，会显示商品一览表，可以确认有 id，name，price 这三列。例如第一行的 id 是 "1"，name 是 "松子"，price 是 "700"。

Fig　商品列表

id	name	price
1	松子	700
2	核桃	270
3	向日葵种子	210
4	杏仁	220
5	腰果	250
6	大玉米	180
7	开心果	310
8	澳洲坚果	600
9	南瓜种子	180
10	花生	150
11	枸杞	400

 解　说

SQL 的 select 语句

使用 select 语句，可以获取表格中指定的列。

格式　select

```
select 列名 from 表格;
```

刚才执行的 SQL 脚本如下。

```
select * from product;
```

语句以 select 开头。* 的含义是指定所有列。from product 的意思是从指定的表格 product 中取得数据。因此,这个 select 脚本是"取得 product 表格的全部列"的意思。

如果只想获得指定的列,请指定 id 或 name 等列名。指定多个列名时,需要如"id, name"那样用","隔开排列。

末尾的";"表示语句的分段。执行多个 SQL 语句时,需要用";"隔开语句。执行单独的句子时,也可以省略";",但本书中对于单独的 SQL 语句也使用了";"。

Step 2 用 PHP 连接数据库

接下来试着用 PHP 操作数据库吧。打开文本编辑器,写入以下 PHP 脚本。文件路径是 chapter6\all.php。

 all.php   PHP

```php
<?php require '../header.php';?>
<?php
$pdo = new PDO('mysql:host = localhost;dbname = shop;charset = utf8',
               'staff', 'password');
?>
<?php require '../footer.php';?>
```

开头的:

```php
<?php require '../header.php';?>
```

和末尾的:

```php
<?php require '../footer.php';?>
```

要执行脚本,需要在浏览器中打开以下 URL。另外,本章的脚本保存在"C:\xampp\httdocs\php\chapter6"文件夹中。另外,在"php"文件夹内已经保存了"header.php"等文件。

执行 http://localhost/php/chapter6/all.php

如果正确执行,将显示空白页面。如果显示错误,请重新检查出现错误的行。另外,也需要根据 6.2 节的 Step1 的步骤确认 MySQL 是否已启动。

通过 PDO 连接数据库

要通过 PHP 连接到数据库，需要使用被称为"PDO"的功能。PDO 提供 PHP 和数据库之间的连接功能。PHP 为了统一定义相关变量和函数，准备了"类"的结构类型。PDO 是类的一种，统一定义了用于操作数据库的变量和函数。

属于类的变量称为"属性"，属于类的函数称为方法。例如属于 PDO 类的 query 函数称为"query 方法"。本书也将使用方法这个叫法。

Fig 类

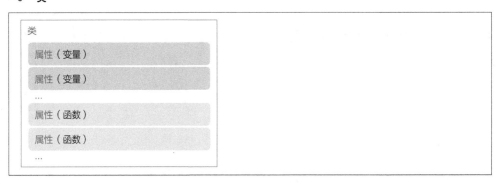

使用 PDO 类用法如下。这是生成 PDO "实例"的处理。实例是将类中定义的功能配置在计算机内存上，以供实际使用的一个操作。请记住，要使用类就需要生成一个相对应的实例。

格式 生成 PDO 实例

```
$pdo = new PDO( ... );
```

new 关键词生成实例。把生成的实例赋值给变量，以用于使用类的属性和方法。这里将生成的 PDO 类实例代入 $pdo 变量中。

关于使用的变量"$pdo"，可以指定任意的变量。在本书中因为使用了 PDO 的变量，所以用了 $pdo 这个变量名。

PDO（…）部分与函数调用的方法相似。这是为了初始化实例的特殊方法，叫作"构造器"。构造器的 PDO（…）为实例初始化时所需的参数。函数会根据这里指定的参数生成实例。

编写本次程序的 PDO 构造器时，需要记述连接数据库所需的参数。在本书的脚本中，因为行变长了，所以分成了两行，但是也可以汇总到一行中进行记述。参数用"，"分隔记述。

```
$pdo = new PDO('mysql:host = localhost;dbname = shop;charset = utf8',
            'staff', 'password');
```

让我们记住！

要使用类的方法时，首先需要对类进行实例化，生成类的实例。

🐦 识别数据库的信息

这里的构造器指定了三个参数。第一参数如下。该参数用于识别数据库的信息，被称为 DSN（Data Source Name）。

```
'mysql:host = localhost;dbname = shop;charset = utf8'
```

mysql 表示连接到的是 MySQL。"：" 以后的连接所需要的信息需要用 "；"分隔排列。

host = localhost 表示 MySQL 存在于 localhost 中。本书的 MySQL 与 XAMPP 一起安装在自己的计算机上，因此这里指定 localhost。

dbname = shop 表示 shop 数据库。charset = utf8 表示使用 UTF-8 作为字符编码。

🐦 连接用的用户名

第 2 参数用于连接用户名。这里使用本次创建 shop 数据库时准备的用户。用户名用 "'" 括起来，如下所述。

```
'staff'
```

🐦 密码

第 3 参数是密码。使用创建用户时指定的密码 "password"。和用户名一样，用 "'" 括起来记述。

```
'password'
```

用 PHP 显示商品列表

下面从连接的数据库中取得商品列表，并在浏览器上显示。在 Step2 的脚本中，添加的部分用粉色字表示。文件路径是 chapter6\all2. php。

List all2. php PHP

```php
<?php require '../header.php';?>
<?php
$pdo = new PDO('mysql:host = localhost;dbname = shop;charset = utf8',
              'staff', 'password');
foreach ($pdo -> query('select * from product') as $row) {
    echo '<p>';
    echo $row['id'], ':';
    echo $row['name'], ':';
    echo $row['price'];
    echo '</p>';
}
?>
<?php require '../footer.php':?>
```

在浏览器里打开以下 URL，并执行脚本。

执行 http：//localhost/php/chapter6/all2. php

如果能正确执行，则会显示在 product 表中追加的商品信息。这里以 "商品编号：商品名称：价格" 这样简单的形式显示了各商品的信息。在稍后创建的脚本中，将以更容易查看的表格格式输出这些信息。

Fig 使用 PHP 显示商品列表

如果无法正确执行，请在 XAMPP 控制面板中确认 Apache 和 MySQL 是否已启动。

 解 说

 使用 PHP 执行 select 语句

在 PHP 脚本中执行 SQL 的 select 语句的部分如下。

```
$pdo -> query('select * from product')
```

通过变量 $pdo 可以使用 PDO 类的方法进行相关处理。这里正在调用 PDO 类的 query 方法。调用方法时，需要使用"->"这个符号。记述方法为"变量 -> 方法"。

query 方法接收参数中指定的 SQL 语句并对数据库进行操作。如本示例，在执行 select 语句后，对于连接的数据库中指定的表格，可以取得所有的列数据。

格式	执行 SQL 语句

```
PDO 的变量 -> quer y ('SQL 语句')
```

 让我们记住！

调用方法时，使用"变量 -> 方法"的记述。

 对取得的数据进行逐行处理

通常，从数据库获取的数据会有多行。在这里，指定 product 表格来执行 select 语句的话，会返回多行的商品数据。要按顺序处理多行数据，需要使用能够重复处理的语法，如 foreach 循环。

通过结合 query 方法和 foreach 循环，可以简单地处理多行数据。示例脚本如下所述。

```
foreach ($pdo -> query('select * from product') as $row) {
    ...
}
```

在这里，通过 query 方法获得的多行数据将以行的顺序代入变量 $row。在"…"的部分中，使用变量 $row 取得每一行的数据，进行显示等处理。

另外，代入数据的变量名称可以是 $row 以外的任何变量名称。在数据库中，表格中的行被称为 row，因此本书将变量名称设为 $row。

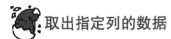

取出指定列的数据

例如要从取得的行中取出"id"的列,用法如下。对存储数据的 $row,使用了数组的语法。

```
$row['id']
```

1 行的数据以数组形式存储。要提取列,请将列名指定为数组的索引。

格式　**取出列的数据**

```
数组['列名']
```

将取出的 id 列数据加上":"显示。如果数据是"1",则显示为"1:"。

```
echo $row['id'], ':';
```

同样,从行中取出 name 列,加上":"显示。如果是"松子",表示为"松子:"。

```
echo $row['name'], ':';
```

最后,从行中取出 price 列来显示。例如显示为"700"。

```
echo $row['price'];
```

通过以上处理,以"1:松子:700"的格式显示各行。通过 foreach 循环的重复处理,可以显示到最后一行为止的数据。此外,在示例脚本中,使用 HTML 的 < p > 标签和 < /p > 标签,使浏览器在各行进行换行显示。

让我们记住!

通过使用 foreach 循环,可以逐行处理数据。

---

step 4　简化脚本

下面介绍用更简洁的方法来描述 Step3 的脚本。粉色字部分是和 Step3 相比发生变更的地方。文件路径是 chapter6\all3. php。

all3. php

PHP

```php
<?php require '../header.php';?>
<?php
$pdo = new PDO('mysql:host = localhost;dbname = shop;charset = utf8',
               'staff', 'password');
foreach ($pdo -> query('select * from product') as $row){
    echo "<p> $row[id]:$row[name]:$row[price] </p>";
}
?>
<?php require '../footer.php';?>
```

在浏览器里打开以下 URL，并执行脚本。

执行 http：//localhost/php/chapter6/all3. php

如果能正确执行，页面会显示和 Step3 一样的商品信息列表。

解 说

在字符串中展开变量值

如第 3 章中所说明的那样，用 PHP 记述字符串时，有用单引号（'）包围的方法和用双引号（"）包围的方法。其中，使用双引号的字符串具有在字符串中展开变量值的功能。

使用双引号的脚本中，字符串中 $row [name] 的值被替换成了存储在表格列 name 的数据。

如果存储在 $row 中的 name 列下面的数据为松子，则下面的语句显示的就是"松子"。

```php
echo "$row[name]";
```

使用索引读取数组数据。

```php
$row['name']
```

会像上面那样需要把索引的部分用单引号括起来。但如果使用这个数组是在双引号括起来的字符串里面的话，索引就无须像上面那样用单引号括起来。

```php
"$row[name]"
```

例如想显示［松子:］时，使用单引号的脚本如下所述。

```php
echo $row['name'], ':';
```

使用双引号可以简化脚本。

```php
echo "$row[name]:";
```

如果使用双引号字符串，脚本可能会变得简单。但是由于输出结果是一样的，所以两种写法都可以。

Step 5 使用 HTML 表格简单易懂地显示数据

让我们使用 HTML 的表格，简单易懂地显示存储在 product 表格上的商品信息列表吧。脚本内容如下，和 Step3 的脚本相比发生变更的地方用粉色字显示。文件路径是 chapter6\all4.php。

List all4.php

```php
<?php require '../header.php';?>
<table>
<tr><th>商品编号</th><th>商品名</th><th>价格</th></tr>
<?php
$pdo = new PDO('mysql:host=localhost;dbname=shop;charset=utf8',
            'staff', 'password');
foreach ($pdo->query('select * from product') as $row) {
    echo '<tr>';
    echo '<td>', $row['id'], '</td>';
    echo '<td>', $row['name'], '</td>';
    echo '<td>', $row['price'], '</td>'; echo '</tr>';
    echo "\n";
}
?>
</table>
<?php require '../footer.php';?>
```

在浏览器里打开以下 URL，并执行脚本。

执行 http://localhost/php/chapter6/all4.php

如果能正确执行，页面会显示商品信息的列表。在表的开头会有各列的标题"商品编号""商品名""价格"。

Fig 商品信息列表

商品编号	商品名	价格
1	松子	700
2	核桃	270
3	向日葵种子	210
4	杏仁	220
5	腰果	250
6	大玉米	180
7	开心果	310
8	澳洲坚果	600
9	南瓜种子	180
10	花生	150
11	枸杞	400

 解 说

HTML 中制作表格的标签

下面的脚本使用 HTML 标签创建表格。

Table 使用的 HTML 表格

标　签	含　义
< table >	定义表格
< tr >	在表格内部定义横向的 1 行
< th >	在行内定义标题单元格
< td >	在行内定义数据单元格

如果像下面这样记述，可以生成商品一览表。

```
<table>
    <tr>
        <th>商品编号</th>
        <th>商品名</th>
        <th>价格</th>
    </tr>
    <tr>
        <td>1</td>
        <td>松子</td>
        <td>700</td>
    </tr>
    <tr>
        <td>2</td>
```

```
        <td>核桃 </td>
        <td>270 </td>
    </tr>
    ...
</table>
```

到这里可以通过 PHP 脚本输出表格内容。还需要添加 < table > 开始标签和标题的部分。

```
<table>
<tr><th>商品编号 </th><th>商品名 </th><th>价格 </th></tr>
```

以及 </table> 结尾标签。

```
</table>
```

添加的部分放在 PHP 标签的外面。在 PHP 标签外面的内容，会如实输出。

商品信息的部分，比如商品编号，可以使用 echo 输出。商品名和价格的部分也是一样的。

```
echo '<td>', $row['id'], '</td>';
```

 换行输出

在 Step5 的脚本中，将表格的各行换行并输出。加入换行，会让输出结果变得容易读懂。

```
<tr><td>1 </td><td>松子 </td><td>700 </td></tr>
<tr><td>2 </td><td>核桃 </td><td>270 </td></tr>
...
```

如果不换行，像下面这样多行连接成一行，就很难读懂了。

```
<tr><td>1 </td><td>松子 </td><td>700 </td></tr><tr><td>2 </td><td
>くるみ</
td><td>270 </td></tr>...
```

不管是否换行，浏览器的页面显示结果相同，因此不需要换行。但是换行的代码会比较容易读懂，在脚本得不到预期的显示结果的情况下，在脚本中检查问题会变得轻松。

想要在浏览器页面上换行输出的话，需要用到下面的处理。

```
echo "\n";
```

\n 是一种在字符串中表示换行的记法。在字符串中包含\n 时，需要像""\n""那样用双引号括起来。像这样使用\等符号来表示换行等特殊字符的，称为转义序列。

这样用单引号括起来，就只会输出"\n"的字符串而不会进行换行输出。

更安全地显示数据

输出从数据库取得的数据时，如果在HTML 中含有特殊作用的文字，浏览器上的显示可能会出现混乱。为了防止显示混乱，请按以下方式修改 Step5 的脚本。变更的地方用粉色字显示出来了。文件路径是 chapter6\all5. php。

all5. php `PHP`

```php
<?php require '../header.php';?>
<table>
<tr><th>商品编号</th><th>商品名</th><th>价格</th></tr>
<?php
$pdo = new PDO('mysql:host = localhost;dbname = shop;charset = utf8',
            'staff', 'password');
foreach ($pdo->query('select * from product') as $row) {
    echo '<tr>';
    echo '<td>', htmlspecialchars($row['id']), '</td>';
    echo '<td>', htmlspecialchars($row['name']), '</td>';
    echo '<td>', htmlspecialchars($row['price']), '</td>';
    echo '</tr>';
    echo "\n";
}
?>
</table>
<?php require '../footer.php';?>
```

在浏览器里打开以下 URL，并执行脚本。

`执行` http：//localhost/php/chapter6/all5. php

如果能正确执行，与 Step5 一样，会输出商品信息列表。

解 说

特殊作用的无效化

在 Step5 中，从数据库获取的数据按如下方法原样显示。

```
$row['name']
```

该方法在数据中含有 " < " 和 " > " 等在 HTML 中具有特殊作用的文字时，浏览器的显示可能会出现混乱。

在 Step6 中，使用 PHP 的 htmlspecialchars 函数，对数据进行处理后显示。

```
htmlspecialchars($row['name'])
```

htmlspecialchars 函数是对于在 HTML 中有特殊作用的文字进行处理，让其失去特殊作用的函数。例如将 " < " 转换为 "<"，将 " > " 转换为 "&rt;"，使浏览器能够将这些字符直接显示在页面上。

如果确定数据库中登记的数据不包含在 HTML 中具有特殊作用的字符（<, >, &, "，"），则可以如 Step5 那样省略 httmlspecialchars 函数。如果有可能包含这些文字，可以像 Step6 那样使用 htmlspecialchars 函数。此外，本书为了简化脚本，有时不使用 html specialchars 函数。

让我们记住！

如果是含有特殊功能的文字，请使用 htmlspecialchars 函数。

◎ 函数的定义

PHP 提供了很多已经定义好的内置函数，但是程序员也可以自己定义函数。函数的定义使用以下语法。

格式 函数的定义

```
function 函数名(参数, ...) {
    处理;
    ...
    return 返回值;
}
```

　　以下是简单的函数定义示例。

```
function h($string) {
    return htmlspecialchars($string);
}
```

　　该函数内部使用 htmlspecialchars 函数对作为参数被传递过来的变量 $string 进行处理，并将结果作为返回值返回。使用此函数，可以将 htmlspecialchars($row['name']) 这样长的记述，像 h（ $row ［ 'name'］）这样简短地写出来。

6.4

检索商品数据

让我们尝试制作通过在 Web 网站上的输入栏中输入商品名，就可以对商品进行检索的功能吧。首先，显示与输入的字符串完全一致的商品。然后实现显示商品名中包含输入字符串的模糊检索功能。

▼本节的任务

商品编号	商品名	商品价格
5	腰果	250
7	开心果	310
8	澳洲坚果	600

让我们实现输入商品名，单击"检索"按钮进行检索的功能。

用 SQL 检索商品名

首先来看看搜索商品的 SQL 语句吧。与 6.3 节的 Step1 相同，在 phpMyAdmin 中指定 "shop" 数据库，从上方的选项卡中选择 "SQL"。在 SQL 的输入栏中输入以下 SQL 语句。文件是 chapter6\search.sql。输入完成后，选择输入栏右下方的"执行"按钮，执行 SQL。

search.sql 　　　　　　　　　　　　　　　　　　　　　　　　　　　　　　　　PHP

```
select * from product where name = '腰果';
```

正确输入 SQL 语句后执行，浏览器的页面中央会显示 id 为 "5"、name 为 "腰果"、price 为 "250" 的行。

Fig 显示检索结果

 解 说

select 语句中的 where

where 在 SQL 的 select 语句中具有指定检索条件的功能。在 where 后面需要记述条件表达式，以表明检索对象。例如要搜索 name 列为"腰果"的行，where 记述条件式如下。

```
where name = '腰果'
```

"＝"是进行比较的 SQL 运算符。在这个例子中，检查 name 和腰果是否相等。相等的话，条件就成立了。

格式 where

```
where 列名 = ' 检索关键词 '
```

Step 2 用商品名检索商品（输入页面）

接下来用 PHP 脚本实现商品检索功能吧。首先为了创建输入商品名的表单，要编写以下脚本内容。文件路径是 chapter6\search-input.php。

List searchinput.php PHP

```php
<?php require '../header.php';?>
请输入商品名。
<form action="search-output.php" method="post">
<input type="text" name="keyword">
<input type="submit" value="检索">
</form>
<?php require '../footer.php';?>
```

在浏览器里打开以下 URL，并执行脚本。

执行 http：//localhost/php/chapter6/search-input.php

如果能正确执行，页面会显示"请输入商品名"的提示语、输入商品名的文本框和

PHP超入门

"检索"的按钮。

Fig 输入商品名的输入页面

这个脚本使用 HTML 的 < form > 标签和 < input > 标签，创建商品名的输入页面。输入的检索关键词将交给 Step3 解说的输出脚本（search-output. php）。

```
< form action = "search-output.php" method = "post" >
```

因为商品名是检索的关键词，所以交付给输出脚本的请求参数名（name 属性的值）定为 "keyword"。

```
< input type = "text" name = "keyword" >
```

关于使用文本框的处理，在第 3 章中进行了说明。

用商品名检索商品（输出脚本）

使用表单中输入的检索关键词，创建检索商品的 PHP 脚本吧。脚本内容如下。文件路径是 chapter6\search-output. php。

这个脚本与在 6. 3 节的 Step5 中解说的显示商品信息列表的脚本有很多共同的部分。用粉色字表示了不同的部分。

List search-output. php   PHP

```php
<?php require '../header.php';?>
<table>
<tr><th>商品编号</th><th>商品名</th><th>商品价格</th></tr>
<?php
$pdo = new PDO('mysql:host = localhost;dbname = shop;charset = utf8',
            'staff', 'password');
$sql = $pdo->prepare('select * from product where name = ?');
$sql->execute([$_REQUEST['keyword']]);
foreach ($sql->fetchAll () as $row) {
    echo '<tr>';
    echo '<td>', $row['id'], '</td>';
    echo '<td>', $row['name'], '</td>';
```

196

```
    echo '<td>', $row['price'], '</td>'; echo '</tr>';
    echo "¥n";
}
? >
</table >
<?php require '../footer.php';? >
```

试着执行脚本。请在 Step2 制作的商品名的输入页面中的输入栏中指定商品名，单击"检索"按钮。

比如输入"腰果"的页面如下所示。

Fig   输入"腰果"

单击"检索"按钮后，search-output. php 被执行，最终将显示以下检索结果。

Fig   "腰果"的检索结果

 解 说

 SQL 语句的准备（prepare 方法）

为了检索在输入栏指定的商品，需要设定输入的商品名后，执行 SQL 语句。为此，使用 PDO 类的 prepare 方法和 PDOStatement 类的 execute 方法。

prepare 方法为执行 SQL 语句做准备。在 prepare 方法的参数中，用字符串指定 SQL 语句。

此时，SQL 语句中可以包含 "?"，在 ? 之后可以设置喜欢的值。SQL 语句如下。

```
select * from product where name = ?
```

从 select 语句获取的表格中，取得与 where 语句指定条件一致的行。将该 SQL 语句作为参数传递给 prepare 方法。$pdo 是被 PDO 类实例赋值的变量。

```
$pdo -> prepare ('select * from product where name = ? ')
```

格式   **prepare**

```
PDO 的变量 -> prepare ('SQL 语句')
```

prepare 方法返回设置有SQL语句的 PDOStatement 实例。这个实例是执行 SQL 语句所需要的，所以先把它赋值给变量。这里的变量名是 $sql。

```
$sql = $pdo -> prepare ('select * from product where name = ?');
```

Fig   prepare 方法的动作

❶将SQL脚本作为参数传递给prepare方法。
❷将设置了SQL脚本的PDOStatement实例赋值给变量$sql。

 SQL 语句的执行（execute 方法）

为了执行作为参数传递给 prepare 方法的 SQL 语句，使用 PHP 提供的 PDOStatement 类的 execute 方法。已经通过 prepare 方法创建了 PDOStatement 实例，如果把该实例赋值给变量 $sql，可以按如下方法执行 execute 方法。

```
$sql -> execute ([ $_REQUEST ['keyword']]);
```

在 execute 方法的参数中，把数组的值传递给 SQL 语句中设置为 "?" 的部分。之所以要用数组，是因为一个 SQL 语句中可以配置多个 ?。会按照 ? 和数组相对应的顺序进行数值的传递。

格式   execute
```
变量 -> execute ([值])
```

如果有多个 ?，请在外侧用 [ ] 将其括起来，然后用 "," 分隔多个值，像 [值，值，…] 这样排列。如果只有一个 ?，则只需在外侧用 [ ] 包围，如 [值]。在此我们使用名为 keyword 的请求参数。

```
$_REQUEST ['keyword']
```

用 [ ] 括住请求参数。

```
[ $_REQUEST ['keyword']]
```

这样的话，就可以把 ? 设定为输入栏中输入的商品名。

```
select * from product where name = ?
```

```
select * from product where name='腰果'
```

变成上面的 SQL 语句, 然后被执行。

另外, 关于请求参数, 在第 3 章中进行了说明。

让我们记住!

通过 prepare 方法定义的 SQL 语句需要用 execute 方法来执行。

取得 SQL 脚本的执行结果（fetchAll 方法）

通过 execute 方法执行的 SQL 脚本的结果, 可以在 PDOStatement 类的 fetchAll 方法中取得。处理取得的结果时, 可以结合 foreach 循环, 如下所述。$sql 是被 PDOStatement 实例赋值了的变量。

```
foreach ($sql->fetchAll() as $row) {
```

格式	fetchAll

```
foreach ( PDO 的变量 -> fetchAll () as 作为结果赋值对象的变量)
```

在这里逐行取得结果, 赋值给变量 $row。之后的处理与 6.3 节的 Step5 是一样的。可以使用变量 $row 进行显示等处理。例如商品名可以按如下方法取得。

```
$row['name']
```

需要输出的时候, 按照下面的方法进行处理。

```
echo '<td>', $row['name'], '</td>';
```

step 4

通过部分匹配检索商品

使用 Step1 到 Step3 的方法, 仅当输入的商品名完全匹配时才能检索到商品。稍加修改 SQL 语句, 即可实现进行部分匹配的检索功能。当输入"坚果"时, 可以搜索名称中包含"果"的所有产品, 例如"腰果"和"澳洲坚果"。

首先使用 phpMyAdmin 执行部分匹配检索。与 Step1 中一样, 指定 shop 数据库, 选择"SQL"标签, 然后在输入栏中编写下面的 SQL 语句。存储该脚本的文件路径是 chapter6\search2.sql。

 search2. sql

```
select * from product where name like '%果%';
```

如果输入的 SQL 语句正确，执行后，会看到下面三行信息："腰果""开心果"和
"澳洲坚果"。

Fig 显示检索的结果

	id	name	price
编辑 复制 删除	5	腰果	250
编辑 复制 删除	7	开心果	310
编辑 复制 删除	8	澳洲坚果	600

解 说

使用 like 运算符进行部分匹配的检索

在 SQL 的 select 语句中的 where 语句的条件式中，如果使用 like 运算符，则可以对字
符串进行比较。like 运算符可以在指定条件表达式的字符串中使用"%"符号。这是一种
称为通配符的记号，它可以和0 个或多个任意的字符相匹配。因此，像下面的表达方式，
就表达了与以下任意字符串都能匹配的含义。

%果%

▶ 果→ 只有"果"字符串。

▶ 坚果→ 在"果"前面有字符串。

▶ 果粒→ 在"果"后面有字符串。

▶ 坚果包裹→ 在"果"前后都有字符串。

使用 like 运算符，用下面记述的 where 语句，可以检索保存在 name 列的商品名中包
含"坚果"字样的所有商品。

```
where name like '%果%';
```

让我们记住！

使用 like 运算符和通配符可以实现处理部分匹配的检索功能。

step 5　通过商品名的部分匹配检索商品

创建 PHP 脚本，实现对关键词进行部分匹配的检索功能。脚本内容如下。文件路径是 chapter6\search-output2. php。和 Step3 中创建的脚本（search-output. php）一样，单击"检索"按钮后被执行。与 Step3 不同的地方用粉色字表示。

list　search-output2. php　`PHP`

```php
<?php require '../header.php';?>
<table>
<tr><th>商品编号</th><th>商品名</th><th>商品价格</th></tr>
<?php
$pdo = new PDO('mysql:host = localhost;dbname = shop;charset = utf8',
             'staff', 'password');
$sql = $pdo->prepare('select * from product where name like ?');
$sql->execute(['%'.$_REQUEST ['keyword']. '%']);
foreach ($sql->fetchAll () as $row) {
    echo '<tr>';
    echo '<td>', $row ['id'], '</td>';
    echo '<td>', $row ['name'], '</td>';
    echo '<td>', $row ['price'], '</td>'; echo '</tr>';
    echo " \n";
}
?>
</table>
<?php require '.. /footer. php';?>
```

为了从输入表单中调用"search-output2. php"，需要更改在 Step2 中创建的 PHP 脚本。更改后的文件路径是为 chapter6\search-input2. php。

list　search-input2. php　`PHP`

```php
<?php require '../header.php';?>
请输入商品名。
<form action = "search-output2.php" method = "post">
<input type = "text" name = "keyword">
<input type = "submit" value = "检索">
</form>
<?php require '../footer.php';?>
```

在浏览器里打开以下 URL，并执行脚本。

执行 http：//localhost/php/chapter6/search-input2. php

如果能正确执行，则与 Step2 一样，页面上会显示"请输入商品名"的提示语和"检索"按钮。在输入栏中输入搜索关键词，然后单击"检索"按钮。

输入的关键词是"果"。

Fig 输入"果"

单击"检索"按钮后，会显示如下的检索结果。结果商品名中包含了"果"的所有商品信息。

Fig "果"的检索结果

 解 说

like 运算符和通配符的处理

在传递给 prepare 方法的 SQL 语句中，要使用 like 运算符。

在 like 之后，为了执行时能把输入的值传递给 SQL 语句，这里需要用到?。

```
$sql = $pdo -> prepare('select * from product where name like ? ');
```

为了把字符串传递到? 的部分，需要在字符串两侧添加%，如% 坚果%。这里使用字符串合并运算符"."在请求参数的两侧添加%。

```
'%'. $_REQUEST ['keyword'] .'%'
```

在把添加了%的字符串以数组的形式作为参数传递给 execute 方法时，SQL 脚本就会被执行。

```
$sql -> execute(['%'. $_REQUEST ['keyword']. '%']);
```

通过这个方法，可以实现很多购物网站提供的相当于商品检索功能的处理。

🔅 商品名不包含关键词的检索

在实际的购物网站上，有提供检索不包含指定关键词的商品的功能。如果要检索不包含指定关键词的商品名称，请在 like 运算符前加上 not，写成 not like。

比如下面的 SQL 语句，检索商品名中不含坚果的商品。请用 phpMyAdmin 来执行。结果是松子、核桃、葵花籽等。

```
select * from product where name not like '%果%';
```

也可以将 like 运算符和 not like 运算符组合使用。比如下面的 SQL，在商品名里含有坚果，但是检索不含花生的商品。and 是检查前后条件是否都成立的运算符。结果是腰果和松果。

```
select * from product where name like '%果%' and name not like '%花生%';
```

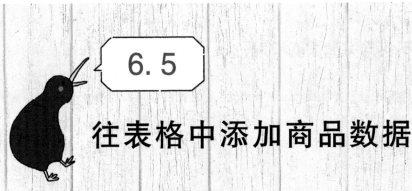

6.5

往表格中添加商品数据

让我们创建根据输入的商品名和价格，在数据库里追加商品数据的功能吧。首先将投入的商品名和价格直接添加到数据库中。接着在确认商品名和价格是否为空栏，价格是否为整数后，实现追加的功能。

▼本节的任务

让我们实现把输入栏中输入的商品数据添加到数据库的处理。

添加商品数据的 SQL 语句

首先使用 phpMyAdmin。与 6.3 节的 Step1 相同，从 phpMyAdmin 左侧显示的数据库列表中选择"shop"，单击"SQL"选项卡。

在 SQL 的输入栏中输入以下 SQL 语句。文件路径是 chapter6 \ insert. sql。输入后，选择输入栏右下方的"执行"按钮，执行 SQL。在 SQL 的输入栏中输入以下 SQL 语句。

insert. sql

```
insert into product values(null, '黄油花生', 200);
```

正确输入 SQL 语句并执行，name 为"黄油花生"，price 为"200"的行会被添加到 product 表格的末尾。

Fig 添加处理的执行结果

> ✓ 插入了 1 行。
> 插入的行 id: 13 (查询花费 0.0230 秒。)
>
> `insert into product values(null, '黄油花生', 200)`
>
> [编辑内嵌] [编辑] [创建 PHP 代码]

id 可以自动分配。id 的值是至今为止分配的 id 的最大值 +1。如果到现在为止 id 的最大值是 "11"，添加的行的 id 是 12。

Fig 新的行被添加到表格中

					id	name	price
☐	✎ 编辑	꒐ꞈ 复制	⊖ 删除		1	松子	700
☐	✎ 编辑	꒐ꞈ 复制	⊖ 删除		2	核桃	270
☐	✎ 编辑	꒐ꞈ 复制	⊖ 删除		3	向日葵种子	210
☐	✎ 编辑	꒐ꞈ 复制	⊖ 删除		4	杏仁	220
☐	✎ 编辑	꒐ꞈ 复制	⊖ 删除		5	腰果	250
☐	✎ 编辑	꒐ꞈ 复制	⊖ 删除		6	大玉米	180
☐	✎ 编辑	꒐ꞈ 复制	⊖ 删除		7	开心果	310
☐	✎ 编辑	꒐ꞈ 复制	⊖ 删除		8	澳洲坚果	600
☐	✎ 编辑	꒐ꞈ 复制	⊖ 删除		9	南瓜种子	180
☐	✎ 编辑	꒐ꞈ 复制	⊖ 删除		10	花生	150
☐	✎ 编辑	꒐ꞈ 复制	⊖ 删除		11	枸杞	400
☐	✎ 编辑	꒐ꞈ 复制	⊖ 删除		12	黄油花生	200

 解 说

 SQL 的 insert 语句

使用 SQL 的 insert 语句，可以对指定的表格添加新行。例如要在 product 表格中添加新行，记述方法如下。

`insert into product`

要设置添加行的具体数据时，可以使用 values（…）的语句表示。…部分为以 ","分隔开的需要添加的值。

`values(null, '黄油花生', 200);`

自动分配的 id 列的值为 null。null 表示未设定的状态。

格式　insert

```
insert into 表格名 values (列 1 的值, 列 2 的值, ...)
```

让我们记住！

使用 insert 语句添加数据时，需要指定表格和要添加的值。

添加商品数据（输入页面）

step 2

接下来通过 PHP 脚本实现添加商品的功能。首先创建用于输入商品名和价格的表格。脚本内容如下。文件路径是 chapter6\insert-input. php。

insert-input. php   PHP

```php
<?php require '../header.php';?>
<p>添加商品。</p>
<form action="insert-output.php" method="post">
商品名<input type="text" name="name">
价格<input type="text" name="price">
<input type="submit" value="添加">
</form>
<?php require '../footer.php';?>
```

在浏览器里打开以下 URL，并执行脚本。

执行 http：//localhost/php/chapter6/insert-input. php

如果能正确执行，页面上会显示"添加商品。"的信息、商品名和价格的输入栏，以及"添加"按钮。

Fig   添加商品的输入页面

这个 PHP 脚本使用 HTML 的 <form> 标签和 <input> 标签，创建商品名和价格的输入页面。需要把请求参数名（name 属性的值）传递给 Step3 中的 PHP 脚本。商品名的请求参数为 name，价格的请求参数为 price。

添加商品数据（输出脚本）

step 3

让我们创建根据输入表单中输入的商品名和价格，在数据库中添加商品数据的 PHP 脚本吧。脚本内容如下。

文件路径是 chapter6\insert-output. php。连接到数据库的处理和之前介绍的一样。

insert-output. php `PHP`

```php
<?php require '../header.php';?>
<?php
$pdo = new PDO('mysql:host = localhost;dbname = shop;charset = utf8',
              'staff', 'password');
$sql = $pdo -> prepare('insert into product values(null, ?, ?)');
if ($sql->execute([ $_REQUEST ['name'], $_REQUEST ['price']])) {
    echo '添加成功。';
} else {
    echo '添加失败。';
}
?>
<?php require '.. /footer. php';?>
```

试着执行脚本。这个脚本需要在输入表单的页面中被执行。在 Step2 中创建的输入页面中指定商品名和价格，单击"添加"按钮。

例如输入的商品名为"烤花生"，价格为"220"的情况。

Fig 输入商品名和价格

单击"添加"按钮，页面上会显示"添加成功。"的信息。

Fig 添加成功时的页面

通过使用 phpMyAdmin 和 6.3 节中显示商品信息列表的脚本，确认表格的内容（http：//localhost/php/chapter6/all4. php）。表格的最后应该添加了一行"烤花生"的数据。

Fig 行数据被添加

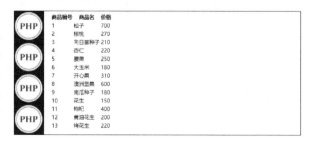

如果 insert 语句的记述错误，则 insert 语句的执行会失败，并显示"添加失败。"的信息。如果出现失败的信息，请重新检查 prepare 方法和 execute 方法的代码行，并修正错误。

 解 说

 通过 PHP 执行 insert 语句

PHP 执行的 insert 语句如下所示。在想要使用 execute 方法指定数据的部分，暂且用"?"代替。这里的两个? 分别代指的是商品名（name）和价格（price）。

```
insert into product values(null,?,?)
```

使用 prepare 方法执行 insert 语句时，与 6.4 节的 select 语句是一样的。将描述 insert 语句的字符串作为参数传递给 prepare 方法。$pdo 是指被 PDO 类的实例赋值的变量。

```
$pdo->prepare('insert into product values(null,?,?)')
```

因为 prepare 方法返回 PDOStatement 实例，所以把它预先赋值给变量。变量名为 $sql。

```
$sql = $pdo->prepare('insert into product values(null,?,?)');
```

要设定值的? 部分是商品名和价格的请求参数 $_REQUEST ['name'] 和 $_REQUEST ['price']。将这两个值用分号"，"隔开，全体用 [] 括起来，组成数组。

```
[$_REQUEST ['name'], $_REQUEST ['price']]
```

将该数组传递给 execute 方法，然后执行 SQL 语句。

```
$sql->execute([$_REQUEST ['name'], $_REQUEST ['price']])
```

如果通过 prepare 方法提交的 SQL 语句能正确执行，则 execute 方法返回 TRUE，如果执行失败，则返回 FALSE。因此，可以使用如下的 if 语句来判断执行的成功与失败。

```
if ($sql->execute([$_REQUEST ['name'], $_REQUEST ['price']])) {
```

在 TRUE 的情况下执行 if 下面的处理，并显示成功。在 FALSE 的情况下执行 else 下面的处理，并显示失败。

让我们记住！

execute 方法成功时返回 TRUE，失败时返回 FALSE。

检查输入值后再添加商品

在 Step3 中，不确定用户输入的值是否正确，直接添加到数据库中。这样的话，如果用户输入了不恰当的值，可能会在数据库中登录不恰当的值。另外，输入栏为空时，也可以通过单击"追加"按钮添加数据。这种情况下，商品名是空白的，价格是 0。

例如在 Step3 的脚本中，在商品名中输入" < script > alert（'hello'）；</script >"的字符串，价格为 0 也可以，然后试着单击"添加"按钮添加数据。

Fig　添加不恰当的商品名

如果追加成功了，就用 6.3 节中显示商品信息列表的 PHP 脚本确认一下吧。在浏览器里打开以下 URL。

执行　http：//localhost/php/chapter6/all4. php

在显示商品信息列表之前，页面上会出现"hello"的对话框（根据浏览器的设定，也有可能不出现）。

Fig　对话框的出现

刚才作为商品名登录的字符串，实际上是在页面中显示对话框的 JavaScript 脚本。因此，当浏览器试图显示商品名称时，字符串会作为 JavaScript 的脚本被执行，从而使浏览器出现对话框。

如 6.3 节的 Step6 那样使用 htmlspecialchars 函数，可以让 JavaScript 的标签无效化。在追加商品数据的时候，需要确认作为商品名和价格输入的内容是否恰当，同时将标签无效化。脚本内容如下。文件路径是 chapter6\insert-output2. php。与 Step3 不同的部分用粉色字表示。

insert-output2. php

`PHP`

```php
<?php require '../header.php';?>
<?php
$pdo = new PDO('mysql:host = localhost;dbname = shop;charset = utf8',
        'staff', 'password');
$sql = $pdo ->prepare('insert into product values(null, ?, ?)');
if (empty($_REQUEST ['name'])) {
    echo '请输入商品名。';
} else
if (! preg_match ('/[0-9]+/', $_REQUEST ['price']))
    { echo '请输入整数形式的商品价格。';
} else
if ($sql ->execute (
    [htmlspecialchars ($_REQUEST ['name']), $_REQUEST ['price']]
)) {
    echo '添加成功。';
} else {
    echo '添加失败。';
}
?>
<?php require '../footer.php';?>
```

为了从输入表单中能够调用 "insert-output2. php", 更改在 Step2 中创建的 PHP 脚本。变更后的文件为 insert-input2. php。

insert-input2. php

`PHP`

```php
<?php require '../header.php';?>
<p>添加商品。</p>
<form action = "insert-output2.php" method = "post">
商品名 <input type = "text" name = "name">
价格 <input type = "text" name = "price">
<input type = "submit" value = "添加">
</form>
<?php require '../footer.php';?>
```

在浏览器里打开以下 URL, 并执行脚本。

`执行` http: //localhost/php/chapter6/insert-input2. php

然后指定商品名和价格，单击"添加"按钮。例如在商品名里输入"蜂蜜烤花生米"和在价格里输入"240"。

Fig   **输入商品名和价格**

单击"添加"按钮后，页面会显示"添加成功。"的信息。

Fig   **添加成功的页面**

此脚本不允许在商品名为空时添加数据。请返回输入表单页面，将商品名设为空，单击"添加"按钮。页面会显示"请输入商品名。"的信息。

Fig   **商品名为空时添加失败的页面**

此脚本在价格不是整数时也不能添加数据。请试着把价格设为空，或者像"abc"这样把价格设为非整数。

Fig   **把价格设为非整数**

如果将价格设为非整数，单击"追加"按钮，页面会显示追加失败的信息。

Fig   **价格被指定为非整数时会添加失败**

接下来对商品名中含有 JavaScript 的情况进行检验。如果刚才执行了脚本，则用 phpMyAdmin 显示 product 表格，单击"Delete"按钮删除含有"< script >"的那一行。或者，执行在 6.2 节的 Step2 中介绍的 SQL 脚本，将数据库恢复到初始状态。

这次的 PHP 脚本，如果在作为商品名输入的字符串中含有像 < 或 > 这样的 HTML 中特别的字符会使其特殊的功能无效化。例如作为商品名输入 "< script > alert（'hello'）; </ script >"，价格随意指定的情况下，单击"添加"按钮。

如果添加成功了，在浏览器上打开下面的 URL，显示商品信息的列表。

执行   http：//localhost/php/chapter6/all4. php

这次应该不会出现对话框。如果出现对话框，请在 phpMyAdmin 中显示 product 表，删除商品名中含有 < script > 的行，再试一次。

解 说

 检查输入值

在这个 PHP 脚本中，检查用户输入的值是否能添加到数据库中恰当的值。首先检查商品名是否为空。

```
if (empty($_REQUEST ['name'])) {
```

empty 函数在参数指定的值（此处为请求参数）为空时返回 TRUE。这里使用 if 语句，空的时候提醒用户输入商品名，并不执行添加到数据库的处理。

格式	empty
empty（值）	

让我们记住！

empty 函数在数值为空时返回 TRUE。

接下来检查价格是否是整数。

```
if (! preg_match ('/ [0-9] +/', $_REQUEST ['price'])) {
```

preg_match 是通过正则表达式进行模式匹配的函数。该函数检查第 1 参数的正则表达式是否匹配第 2 参数中指定的值。匹配时返回 TRUE。不匹配的时候，提醒用户以整数的形式输入商品价格，并不执行添加到数据库的处理。preg_match 之前的"!"是非的逻辑，表示条件表达式结果的反转。

格式	preg_match
preg_match（模式，输入的字符串）	

正则表达式为/ [0-9] +/。[0-9] 表示 1 个 0 到 9 的数字。+ 表示前面的字符重复 1 次或多次。因此，[0-9] +表示 1 个以上数字排列在一起的模式。通过在第 2 参数中用请求参数指定 price 列，实现与价格列的值进行匹配的处理。

让我们记住！

preg_match 在输入的字符串与提供的模式相匹配时返回 TRUE。

◎ SQL 注入

只要涉及防止向数据库添加不恰当的数据的话题，就会谈到 SQL 注入。SQL 注入是指通过执行超出开发者预期的 SQL 脚本来非法操作数据库的行为。

通过对脚本实施适当的安全对策，可以防止 SQL 注入。需要注意的是，在 SQL 语句中包含用户输入的信息的情况。例如以下例子中，用户输入的商品名包含在 SQL 脚本中的情况。

```
select * from product where name like ?
```

还有 SQL 语句中包含了用户输入的商品名和价格的例子。

```
insert into product values(null, ?, ?)
```

在 SQL 语句中包含用户输入的信息时，不能单纯地将其作为字符串组合。如果用户输入的信息中含有恶意的 SQL 语句，可能会允许对数据库进行非法操作。

使用 PDO 时，使用 prepare 方法和 execute 方法可以防止 SQL 注入。在 SQL 语句中嵌入数值的情况下，请使用这些方法，而不是组合字符串来创建 SQL 语句。

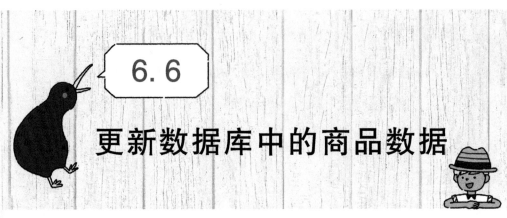

6.6 更新数据库中的商品数据

让我们学习实现更新数据库上商品信息的商品名和价格的功能吧。首先取得商品信息表，显示已登录的商品名和价格。在列表上，用户可以更改商品名和价格，单击"更新"按钮后，数据库上的数据将被更新为输入的内容。

▼本节的任务

商品编号	商品名	商品价格	
1	特价松子	600	更新
2	核桃	270	更新
3	向日葵种子	210	更新
4	杏仁	220	更新
5	栗果	250	更新
6	大玉米	180	更新
7	开心果	310	更新
8	澳洲坚果	600	更新
9	南瓜种子	180	更新
10	花生	150	更新
11	枸杞	400	更新

更新成功。

让我们实现把输入栏中输入的商品数据添加到数据库的处理。

STEP 1 更新商品的 SQL 语句

首先使用 phpMyAdmin 来更新商品。和之前一样，从 phpMyAdmin 左侧显示的数据库列表中指定"shop"，从上方的标签中选择"SQL"。

在 SQL 的输入栏中输入以下 SQL 语句。文件路径是 chapter6 \update. sql。输入完成后，单击输入栏右下方的"执行"按钮，执行 SQL。

 update. sql

```
update product set name = '高级松子', price = 900 where id = 1;
```

正确输入 SQL 语句后执行，第 1 行的数据（商品编号为 1 的行）将被更新。更新前的数据，name（商品名）是"松子"，price（价格）是"700"。

Fig 更新前的表格

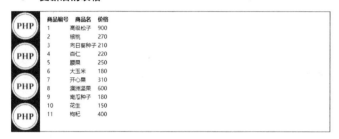

更新后，第一行的 name（商品名）变成了"高级松子"，price（价格）变成了"900"。

Fig 更新后的表格

输入以下 SQL 语句后执行，可以让数据恢复原状。

```
update product set name = '松子', price = 700 where id = 1;
```

也可以只更新商品名或者价格。如果只将价格变更为"800"，可以输入以下 SQL 语句后执行。

```
update product set price = 800 where id = 1;
```

 解 说

SQL 的 update 语句

使用 update 语句后，可以对于表格中指定的行和列进行更新处理。例如要更新 product 表的数据，用法如下。

```
update product
```

如果将 name 列的值设为"高级松子"，则记述如下。

```
update product set name = '高级松子'
```

同时将 price 设为 "900" 时，用 "," 隔开，记述如下。

```
update product set name = '高级松子', price = 900
```

格式　**update**

```
update 表格名 set 列名 = 值, 值, ???
```

要更新指定的行时，需要按以下方式记述 where 语句。这种情况下只更新 id 为 1 的行。

```
update product set name = '高级松子', price = 900 where id = 1
```

格式　**update（指定行）**

```
update 表格名 set 列名 = 值 where 列名 = 值
```

让我们记住！

在 update 语句中，需要指定列名和值进行数据的更新。

更新商品数据（输入页面）

接下来让我们利用 PHP 脚本实现更新数据库上的商品数据的功能吧。首先显示商品列表，并创建用于变更商品名和价格的表单。脚本内容如下。文件路径是 chapter6 \ up-date-input. php。

这个脚本和在 6.3 节的 Step5 中制作的，显示商品信息列表的脚本（chapter6 \ all4. php）很像。我们用粉色字表示了不同的部分。

update-input. php　　　　　　　　　　　　　　　　　　　　　　　PHP

```php
<?php require '../header. php';?>
<table>
<tr><th>商品编号</th><th>商品名</th><th>商品价格</th></tr>
<?php
$pdo = new PDO('mysql:host = localhost;dbname = shop;charset = utf8', 'staff',
            'password');
foreach ($pdo -> query('select * from product') as $row) {
    echo '<tr><form action = "update-output. php" method = "post">';
```

```
    echo '<input type="hidden" name="id" value="', $row['id'], '">'; echo '<td>',
    $row['id'], '</td>';
    echo '<td>';
    echo '<input type="text" name="name" value="', $row['name'], '">'; echo
    '</td>';
    echo '<td>';
    echo '<input type="text" name="price" value="', $row['price'], '">'; echo '
</td>';
    echo '<td><input type="submit" value="更新"></td>'; echo
    '</form></tr>';
    echo "\n";
}
?>
</table>
<?php require '../footer.php';?>
```

在浏览器里打开以下 URL，并执行脚本。

执行 http：//localhost/php/chapter6/update-input. php

如果正确执行后，会显示商品信息列表。在列表的各行中，显示商品名和商品价格的输入栏和现在的值。各行的右端显示"更新"按钮。

Fig 商品更新的列表

商品编号	商品名	商品价格	
1	松子	700	更新
2	核桃	270	更新
3	向日葵种子	210	更新
4	杏仁	220	更新
5	腰果	250	更新
6	大玉米	180	更新
7	开心果	310	更新
8	澳洲坚果	600	更新
9	南瓜种子	180	更新
10	花生	150	更新
11	枸杞	400	更新

 解 说

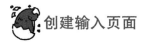 创建输入页面

这个 PHP 脚本使用 HTML 的 <form> 标签和 <input> 标签，创建了商品名和商品

价格的输入页面。相对应的请求参数名称（name 属性的值）的商品名为 name，商品价格为 price，商品编号为 id。商品名和商品价格可以由用户变更，但是商品编号不能变更。

关于商品名的输出，< input > 标签的使用方法如下。这样在商品名的输入栏里，可以显示现有的数据，例如这里是"松子"。

```
< input type = "text" name = "name" value = "松子" >
```

用来输出上面 HTML 标签的 PHP 脚本如下。将从数据库取得的商品名设定为 value 属性值。

```
echo ' < input type = "text" name = "name" value = "', $row['name'], '">';
```

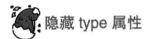

隐藏 type 属性

关于商品编号，以输出以下的 < input > 标签为例。因为 type 属性是 hidden，所以不会在页面上显示。

```
< input type = "hidden" name = "id" value = "1" >
```

用来输出上面 HTML 标签的 PHP 脚本如下。

```
echo ' < input type = "hidden" name = "id" value = "', $row['id'], '">';
```

在表格中包含商品编号是因为更新商品时需要商品编号的信息。但是并不想让用户更改商品编号。因此，通过将type 属性设为 hidden，实现用其他语句在表单上显示商品编号的同时，让用户无法对其进行编辑。

更新商品数据（输出脚本）

让我们创建根据在表单中输入的商品名和商品价格，更新商品数据的 PHP 脚本吧。脚本内容如下。文件路径是 chapter6 \ update-output. php。这个脚本与在 6.5 节的 Step4 中制作的添加商品信息的脚本（chapter 6\insert-output2. php）非常相似。这里用粉色字表示了不同的部分。

 update-output. php   PHP

```php
<?php require '../header.php';?>
<?php
$pdo = new PDO('mysql:host = localhost;dbname = shop;charset = utf8',
```

```
                'staff', 'password');
$sql = $pdo -> prepare ('update product set name = ?, price = ? where id = ? ');
if (empty ($_REQUEST ['name'])) {
    echo '请输入商品名。';
} else
if (! preg_match ('/ [0-9] +/', $_REQUEST ['price']))
    { echo '请输入整数形式的商品价格。';
} else
if ($sql -> execute (
    [htmlspecialchars ($_REQUEST ['name']), $_REQUEST ['price'],
                        $_REQUEST ['id']]
)) {
    echo '更新成功。';
} else {
    echo '更新失败。';
}
? >
<?php require '.. /footer. php';? >
```

试着执行脚本吧。在 Step2 中创建的输入页面中，更改商品名和商品价格，选择"更新"按钮。例如在第 1 行的商品名中指定"特价松子"，在商品价格中指定"600"。

Fig　指定商品名和商品价格

单击"更新"按钮后，页面会显示"更新成功"的信息。

Fig　更新成功的页面

更新成功。

可以使用 phpMyAdmin 或在 6.3 节中的脚本显示商品列表来检查表格的内容。第 1 行的商品名应更新为"特价松子"，商品价格应更新为"600"。

Fig　更新后的表格

	商品编号	商品名	价格
PHP	1	特价松子	600
	2	核桃	270
	3	向日葵种子	210
PHP	4	杏仁	220
	5	腰果	250
	6	大玉米	180
PHP	7	开心果	310
	8	澳洲坚果	600
	9	南瓜种子	180
PHP	10	花生	150
	11	枸杞	400

解　说

用 PHP 执行更新语句

利用 PHP 脚本执行的更新语句如下。用 "?" 暂时代替将要设置值的地方。

```
update product set name = ?, price = ? where id = ?
```

若要执行更新语句，可以按照 6.5 节中介绍的 insert 语句那样使用 prepare 方法。将描述更新语句的字符串传递给 prepare 方法。

```
$pdo -> prepare('update product set name = ?, price = ? where id = ?')
```

prepare 方法返回一个 PDOStatement 实例，将其分配给一个变量。和之前一样，变量名是 $sql。

```
$sql = $pdo -> prepare('update product set name = ?, price = ? where id = ?');
```

想要在 ? 的部分设置的是下面的商品名、商品价格和商品编号。关于商品名，和 6.5 节的 Step4 一样，使用 htmlspecialchars 函数让 HTML 中具有特殊功能的字符表达无效。

▶ 商品名：htmlspecialchars（$_REQUEST［'name'］）

▶ 商品价格：$_REQUEST［'price'］

▶ 商品编号：$_REQUEST［'id'］

用 "," 把上述变量隔开后排列，然后用［］括起来，以组成数组。

```
[htmlspecialchars($_REQUEST['name']), $_REQUEST['price'],
                   $_REQUEST['id']]
```

将此数组传递给 execute 方法以执行 SQL 脚本。如果正确执行了所传递的 SQL 脚本，则 execute 方法返回 TRUE；如果失败，则返回 FALSE。使用以下 if 语句来判断语句的成功与失败。

```
if ($sql->execute(
    [htmlspecialchars($_REQUEST['name']), $_REQUEST['price'],
                       $_REQUEST['id']]
)) {
```

　　如果返回值为 TRUE，则执行 if 分支下面的语句，并显示更新成功的信息。如果返回
值为 FALSE，则执行 else 分支下面的语句，并显示更新失败的信息。

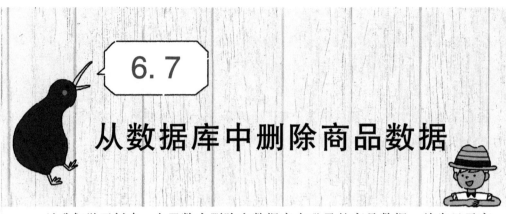

6.7 从数据库中删除商品数据

让我们学习创建一个函数来删除在数据库中登录的商品数据。首先显示商品列表。当用户选择该项目旁边显示的"删除"链接时,数据库中的相应数据将被删除。

▼本节的任务

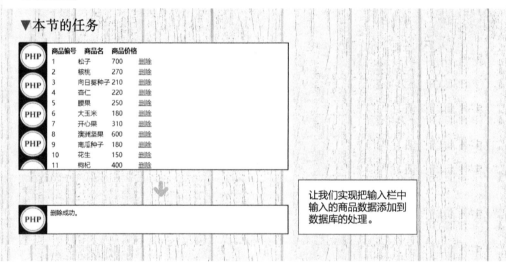

让我们实现把输入栏中输入的商品数据添加到数据库的处理。

STEP 1 删除商品数据的 SQL 语句

首先使用 phpMyAdmin 删除数据库上的商品数据。与以前一样,从 phpMyAdmin 左侧显示的数据库列表中指定"shop",然后从上方的选项卡中选择"SQL"。

在 SQL 输入栏中输入以下 SQL 语句。文件路径是 chapter6\delete.sql。输入后,选择输入字段右下角的"执行"按钮,以执行 SQL。

delete.sql

PHP

```
delete from product where id = 1;
```

在执行 SQL 之前，第 1 行（商品编号为 1 的行）中保存了"松子"的数据。

Fig　删除数据前的表格

如果正确输入 SQL 语句并执行，第 1 行的"松子"数据将会被删除。由于其他产品未更改，因此 1 号商品缺失，但并不会被替代。

Fig　删除后的表格

要恢复数据，请执行在 6.2 节的 Step2 中解说的创建数据库的 SQL 脚本。

解　说

SQL 的 delete 语句

使用 delete 语句可以删除指定表格中指定的行。如果删除 product 表中的全部数据，则如下所述。

```
delete from product
```

格式　delete（删除全部数据）

```
delete from 表格
```

如果指定要删除的行，请使用以下语句。此时指定删除 id 为"1"。

```
delete from product where id = 1
```

格式　delete（删除指定的行）

```
delete from 表格名 where 列名 = 值
```

让我们记住！

用 delete 语句可以实现删除数据的处理，也可以指定要删除的行。

PHP超入门

step 2 删除商品数据（输入页面）

接下来实现从 PHP 脚本中删除商品数据的功能吧。首先显示商品信息列表和在商品名旁边准备"删除"链接。单击此链接将删除该行的数据。脚本内容如下。文件路径是 chapter6\delete-input. php。

这个脚本与在 6.3 节的 Step5 中的创建显示商品信息列表的脚本（chapter6\all4. php）非常相似。这里用粉色字表示了不同的部分。

List delete-input. php   PHP

```php
<?php require '../header.php';?>
<table>
<tr><th>商品编号</th><th>商品名</th><th>商品价格</th></tr>
<?php
$pdo = new PDO('mysql:host = localhost;dbname = shop;charset = utf8',
              'staff', 'password');
foreach ($pdo -> query('select * from product') as $row)
    { echo '<tr>';
    echo '<td>'.$row['id'].'</td>';
    echo '<td>'.$row['name'].'</td>';
    echo '<td>'.$row['price'].'</td>';
    echo '<td>';
    echo '<a href="delete-output.php?id=', $row['id'], '">删除</a>';
    echo '</td>';
    echo '</tr>';
    echo "\n";
}
?>
</table>
<?php require '../footer.php';?>
```

在浏览器里打开以下 URL，并执行脚本。

执行 http：//localhost/php/chapter6/delete-input. php

如果正确执行后，会显示商品信息列表。各行的右端将显示"删除"的链接。

224

Fig 带有删除链接的商品信息列表

解 说

带有请求参数的链接

使用 HTML 的 < a > 标签创建 "删除" 链接。这里将执行删除处理的 PHP 脚本设定为 "delete-output. php", "删除" 链接的 < a > 标签写法如下所示。

```
< a href = "delete-output.php" >删除 </a >
```

如果选择此链接,则会打开 delete-output. php。在此为了要让 delete-output. php 知道删除哪一行,需要把商品编号发送给脚本。给链接传递请求参数的写法如下。

```
< a href = "delete-output.php? id =1" >删除 </a >
```

这里用 id 这个请求参数名,接收 "1" 的值。

像上面那样,在链接目标文件名之后添加?,具体形式可以总结如下。

格式 把请求参数传给链接

链接目标文件? 请求参数名 =值

如果有多个请求参数,则按如下 & 分隔排列。

格式 把请求参数传递给链接 (多个参数)

链接目标文件? 请求参数名 =值 & 请求参数名 =值 & ...

在 PHP 脚本中,创建 "删除" 链接。 $ row ['id'] 是从数据库取得的商品编号。

```
echo ' < a href = "delete-output.php? id = '., $ row[ 'id' ]., ' " >删除 </a >';
```

PHP 超入门

Step 3 删除商品数据（输出脚本）

让我们创建在 Step2 中提到的删除指定商品数据的 PHP 脚本。脚本内容如下。文件路径是 chapter6\delete-output.php。

这个脚本和在 6.5 节的 Step3 中创建添加商品数据的脚本（chapter6 \ insert-output.php）非常相似。这里用粉色字表示了不同的部分。

delete-output.php

```php
<?php require '../header.php';?>
<?php
$pdo = new PDO('mysql:host = localhost;dbname = shop;charset = utf8',
            'staff', 'password');
$sql = $pdo -> prepare('delete from product where id = ?');
if ($sql -> execute([ $_REQUEST ['id']])) {
    echo '删除成功。';
} else {
    echo '删除失败。';
}
?>
<?php require '.. /footer. php';?>
```

让我们尝试着执行脚本吧。在 Step2 创建的输入页面中单击商品旁边的"删除"链接。例如单击第 1 行"松子"旁边的链接后，会显示"删除成功。"。

Fig 删除成功时的页面

使用 phpMyAdmin 或者 6.3 节中显示商品信息列表的脚本（http：//localhost/php/chapter6/all4.php）来检查表格的内容。这里第 1 行应该被删除了。

Fig 删除了第 1 行的表格

如果脚本中描述的 delete 语句有错误，就会显示"删除失败。"的信息。如果出现失

败的信息，请重新检查 prepare 方法那一行脚本，并修正错误。

解 说

用 PHP 执行 delete 语句

PHP 脚本执行的 delete 语句如下。需设定值的部分设置为"?"。

```
delete from product where id = ?
```

使用 prepare 方法执行 delete 语句时，与 6.5 节的 insert 语句或者 6.6 节的 update 语句相同。需要向 prepare 方法传递记述了 delete 语句的字符串。

```
$pdo -> prepare('delete from product where id = ?');
```

prepare 方法返回 PDOStatement 实例，这里把返回值赋值给变量的处理和前面也是一样的。同样，这里的变量名设为 $sql。

```
$sql = $pdo -> prepare('delete from product where id = ?');
```

? 的部分是商品编号的请求参数 $_REQUEST ['id']。商品编号存储在请求参数的 id 里。为了组成数组，需要用 [ ] 把变量括起来，如[$_REQUEST ['id']]。

将此数组传递给 execute 方法，执行 SQL 语句。SQL 执行成功后，execute 方法会返回 TRUE，失败后返回 FALSE。可以使用如下 if 语句判断成功与失败。

```
if ($sql -> execute([ $_REQUEST ['id']])) {
```

◎ 筛选检索

在很多购物网站上，除了需要与关键词匹配的检索功能之外，还需要提供通过商品价格和种类等来筛选检索结果的功能。这样的功能可以通过在 SQL 语句中添加条件来实现。

例如使用下面的 SQL 语句，可以检索价格不满 200 日元的商品。用 phpMyAdmin 执行后，页面会显示大玉米、南瓜种子和花生的商品信息。

```
select * from product where price < 200;
```

要检索商品名中含有坚果且不到 200 日元的商品，可以使用以下 SQL 语句以及 and 运算符来检查多个条件是否同时成立。执行这个脚本后，页面上只显示花生。

```
select * from product where name like '% 果%' and price < 200;
```

6.8

数据库操作的汇总

在第 6 章中，我们学习了对数据库进行数据检索、添加、更新、删除等处理方法，以及用 PHP 脚本进行相关处理的方法。最后让我们制作一个汇总了这些操作的脚本。

▼本节的任务

让我们把本章所学的内容汇总到一个表单里面。

Step 1 创建添加的表单

首先创建添加商品的表单吧。脚本内容如下。文件路径是 chapter6\edit.php。处理内容与 6.5 节的 Step2 相似。

List edit.php `PHP`

```
<?php require '../header.php';?>
<table>
<tr><th>商品编号</th><th>商品名</th><th>商品价格</th></tr>
<tr>
<form action="edit3.php" method="post">
```

```
< input type = "hidden" name = "command" value = "insert" >
< td > < /td >
< td > < input type = "text" name = "name" > < /td >
< td > < input type = "text" name = "price" > < /td >
< td > < input type = "submit" value = "添加" > < /td >
< /form >
< /tr >
< /table >
< ?php require '../footer.php';? >
```

在浏览器里打开以下 URL，并执行脚本。

`执行` http：//localhost/php/chapter6/edit. php

如果能正确执行，页面会显示商品名和商品价格的输入栏，以及"添加"按钮。

Fig   **添加的表单**

  解 说

使用请求参数分配功能

在 6.8 节中，添加、更新、删除等功能最终将以同一个脚本提供。因此，需要使用请求参数来分配执行的功能。

如下所示，使用 command 这个请求参数，传递表示要执行的功能的字符串。追加功能的情况下，会把 insert 这个字符串传递给这个参数。

```
< input type = "hidden" name = "command" value = "insert" >
```

这个 < input > 标签的 type 属性被设为 hidden，不会在浏览器的页面上显示，用户是看不到的。但是这里的请求参数是可以传递的，所以在接收到请求参数的脚本中，可以用这个参数来分配功能。

step 2 创建更新和删除的表单

接下来让我们创建更新和删除商品的表单吧，脚本内容如下。文件路径是 chapter6 \

edit2. php。和 Step1 相比，添加的部分用粉色字表示。

处理内容与 6.6 节的 Step2 和 6.7 节的 Step2 相似。

List edit2. php `PHP`

```php
<?php require '../header.php';?>
<table>
<tr><th>商品编号</th><th>商品名</th><th>商品价格</th></tr>
<?php
$pdo = new PDO('mysql:host = localhost;dbname = shop;charset = utf8', 'staff',
                'password');
foreach ($pdo->query('select * from product') as $row) { echo
    '<tr>';
    echo '<form action = "edit3.php" method = "post">';
    echo '<input type = "hidden" name = "command" value = "update">';
    echo '<input type = "hidden" name = "id" value = "', $row['id'], '">'; echo '<td
>',
    $row['id'], '</td>';
    echo '<td>';
    echo '<input type = "text" name = "name" value = "', $row['name'], '">'; echo
    '</td>';
    echo '<td>';
    echo '<input type = "text" name = "price" value = "', $row['price'], '">'; echo '
</td>';
    echo '<td><input type = "submit" value = "更新"></td>'; echo
    '</form>';
    echo '<form action = "edit3.php" method = "post">';
    echo '<input type = "hidden" name = "command" value = "delete">';
    echo '<input type = "hidden" name = "id" value = "', $row['id'], '">';
    echo '<td><input type = "submit" value = "删除"></td>';
    echo '</form>'; echo
    '</tr>'; echo "\n";


}
?>
<tr>
<form action = "edit3.php" method = "post">
```

```
< input type = "hidden" name = "command" value = "insert" >
< td > < /td >
< td > < input type = "text" name = "name" > < /td >
< td > < input type = "text" name = "price" > < /td >
< td > < input type = "submit" value = "添加" > < /td >
< /form >
< /tr >
< /table >
< ? php require '. . /footer. php';? >
```

在浏览器里打开以下 URL，并执行脚本。

执行　http：//localhost/php/chapter6/edit2. php

如果正确执行后，会显示商品信息列表。显示商品名和商品价格的输入栏，还有
"更新"按钮和"删除"按钮。

Fig　更新，删除的表单

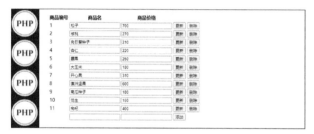

解　说

 创建删除按钮

6.7 节使用"删除"链接来实现了删除功能。在这里使用"删除"按钮。要创建
"删除"按钮，需要使用 < form > 标签来配置表单，并把 < input > 标签的 type 属性设为
submit。"删除"按钮的标签如下所述。

```
< input type = "submit" value = "删除" >
```

为了指定要删除的行，需要将商品编号作为请求参数发送。因此，需要在表单中放
置以下的 < input > 标签。以下是 id 这个请求参数，传递了 1 这个值的例子。因为将 type
属性设为 hidden，所以用户无法对此表单进行操作。

```
< input type = "hidden" name = "id" value = "1" >
```

此＜input＞标签将从以下脚本中生成。 $row［'id'］是从数据库中取得的商品编号。

```php
echo '<input type="hidden" name="id" value="', $row['id'], '">';
```

Step 3 执行数据的添加·更新·删除

最后创建执行添加、更新、删除处理的脚本。脚本内容如下。文件路径是 chapter6 \
edit3. php。和 Step2 相比，追加部分用粉色字表示。处理内容与 6.5 节的 Step4（追加）、
6.6 节的 Step3（更新）、6.7 节的 Step3（删除）相似。

List edit3. php   PHP

```php
<?php require '../header.php';?>
<table>
<tr><th>商品编号</th><th>商品名</th><th>商品价格</th></tr>
<?php
$pdo = new PDO('mysql:host=localhost;dbname=shop;charset=utf8',
            'staff', 'password');
if (isset($_REQUEST['command']))
    { switch ($_REQUEST['command'])
    { case 'insert':
        if (empty($_REQUEST['name']) ||
            ! preg_match('/[0-9]+/', $_REQUEST['price'])) break;
        $sql = $pdo->prepare ('insert into product values (null,?,?) ');
        $sql->execute (
            [htmlspecialchars ($_REQUEST['name']), $_REQUEST['price']]);
        break;
    case 'update':
        if (empty($_REQUEST['name']) ||
            ! preg_match('/[0-9]+/', $_REQUEST['price'])) break;
        $sql = $pdo->prepare (
            'update product set name=?, price=? where id=?');
        $sql->execute (
            [htmlspecialchars ($_REQUEST['name']), $_REQUEST['price'],
            $_REQUEST['id']]);
        break;
    case 'delete':
```

```
      $sql = $pdo -> prepare ('delete from product where id = ? ');
      $sql -> execute ([ $_REQUEST[ 'id' ]]);
      break;
   }
}
foreach ($pdo -> query ('select * from product') as $row)
   { echo '< tr >';
   echo '< form action = "edit3.php" method = "post" >';
   echo '< input type = "hidden" name = "command" value = "update" >';
   echo '< input type = "hidden" name = "id" value = "', $row[ 'id' ], '" >'; echo '< td >',
   $row[ 'id' ], '< /td >';
   echo '< td >';
   echo '< input type = "text" name = "name" value = "', $row[ 'name' ], '" >'; echo
   '< /td >';
   echo '< td >';
   echo '< input type = "text" name = "price" value = "', $row[ 'price' ], '" >'; echo '
< /td >';
   echo '< td > < input type = "submit" value = "更新" > < /td >'; echo '< /form >';
   echo '< form action = "edit3.php" method = "post" >';
   echo '< input type = "hidden" name = "command" value = "delete" >';
   echo '< input type = "hidden" name = "id" value = "', $row[ 'id' ], '" >'; echo
   '< td > < input type = "submit" value = "删除" > < /td >';
   echo '< /form >'; echo
   '< /tr >'; echo "\n";
}
? >
< tr >
< form action = "edit3.php" method = "post" >
< input type = "hidden" name = "command" value = "insert" >
< td > < /td >
< td > < input type = "text" name = "name" > < /td >
< td > < input type = "text" name = "price" > < /td >
< td > < input type = "submit" value = "添加" > < /td >
< /form >
< /tr >
< /table >
< ? php require '../footer.php';? >
```

在浏览器里打开以下 URL，并执行脚本。

URL　http：//localhost/php/chapter6/edit3. php

如果正确执行时，与 Step3 相同，页面会显示商品信息列表。还会显示商品名和商品
价格的输入栏、"更新"按钮和"删除"按钮。

解　说

商品数据的添加

要添加商品数据，需要在页面下方的添加输入栏中输入商品名和商品价格，单击
"追加"按钮。例如在商品名上输入"巧克力花生"，商品价格上输入"260"。

Fig　添加商品数据页面

商品编号	商品名	商品价格		
1	松子	700	更新	删除
2	核桃	270	更新	删除
3	向日葵种子	210	更新	删除
4	杏仁	220	更新	删除
5	腰果	250	更新	删除
6	大玉米	180	更新	删除
7	开心果	310	更新	删除
8	澳洲坚果	600	更新	删除
9	南瓜种子	180	更新	删除
10	花生	150	更新	删除
11	枸杞	400	更新	删除
	巧克力花生	260	添加	

单击"添加"按钮后，会添加商品数据。商品信息列表的末尾会显示新追加的商品
数据。

Fig　执行添加操作

商品编号	商品名	商品价格		
1	松子	700	更新	删除
2	核桃	270	更新	删除
3	向日葵种子	210	更新	删除
4	杏仁	220	更新	删除
5	腰果	250	更新	删除
6	大玉米	180	更新	删除
7	开心果	310	更新	删除
8	澳洲坚果	600	更新	删除
9	南瓜种子	180	更新	删除
10	花生	150	更新	删除
11	枸杞	400	更新	删除
12	巧克力花生	260	更新	删除
			追加	

商品数据的更新

如果需要更新商品数据，可以在商品信息列表中的更新用输入栏中，变更商品名和
商品价格，单击"更新"按钮。例如这里选择将"巧克力花生"的商品名变更为"苦味

巧克力花生"，商品价格变更为"280"。

Fig　更新表单的输入

单击"更新"按钮后，商品数据将被更新。商品信息列表上会显示变更后的商品数据。

Fig　执行更新后的页面

商品数据的删除

需要删除商品数据时，单击商品右端的"删除"按钮。例如这里单击"苦味巧克力花生"的"删除"按钮❶。

Fig　单击"删除"按钮

单击"删除"按钮后，该行商品数据将被删除。从商品信息列表中删除的商品应该会消失。

PHP 超入门

Fig 执行删除

	商品编号	商品名	商品价格		
PHP	1	松子	700	更新	删除
	2	核桃	270	更新	删除
PHP	3	向日葵种子	210	更新	删除
	4	杏仁	220	更新	删除
PHP	5	腰果	250	更新	删除
	6	大玉米	180	更新	删除
PHP	7	开心果	310	更新	删除
	8	澳洲坚果	600	更新	删除
PHP	9	南瓜种子	180	更新	删除
	10	花生	150	更新	删除
PHP	11	枸杞	400	更新	删除
					添加

分配功能

该 PHP 脚本根据从command 这个请求参数接收到的字符串，执行添加、更新、删除中的任意一个处理。

首先需要检查是否定义了 command 这个请求参数。isset 可以检查 command 这个请求参数是否被定义了。

```
if (isset($_REQUEST['command'])) {
```

如果 command 未定义，则不执行任何功能。首次打开此脚本时，因为没有定义 command，所以相当于这种情况。

command 被定义时，使用 switch 语句，为各功能的处理创建分支。

```
switch ($_REQUEST['command']) {
```

例如当 command 为 insert 时，进行添加处理。

```
case 'insert':
```

同样，在 update 的情况下进行更新处理，在 delete 的情况下进行删除处理。各处理的内容和之前一样，用 prepare 方法准备 SQL 语句，用 execute 方法执行 SQL 语句。

对检索结果排序

在很多购物网站上，可以把检索结果按价格的升序进行排序。排序可以使用 SQL 语句的 order by 来实现。

例如使用下面的 SQL 语句，可以将所有商品按价格升序进行排序显示。请用 phpMyAdmin

来执行该 SQL 语句时，页面上将按花生 150 日元，大玉米 180 日元，南瓜种子 180 日元的顺序进行显示。

```
select * from product order by price;
```

　　按价格降序排序时，需要在列名后面添加 desc 关键词。执行下面的 SQL 语句，页面上按松子 700 日元，澳洲坚果 600 日元，枸杞子 400 日元的顺序进行显示。

```
select * from product order by price desc;
```

　　要对检索结果进行排序时，需要与 where 语句结合使用。执行下面的 SQL 语句时，会对商品名里含有坚果的商品，按价格升序的顺序进行显示。页面结果显示为花生 150 日元，腰果 250 日元，澳洲坚果 600 日元。

```
select * from product where name like '% 果 %' order by price;
```

第 6 章的总结

　　对于数据库的基本操作，可以取生成（Create）、读取（Read）、更新（Update）、删除（Delete）的首字母，称为 CRUD。这些在 SQL 中，对应 insert 语句、select 语句、update 语句、delete 语句。在第 6 章中，我们学习了使用 PHP 脚本执行这些语句的方法，以及数据库的基本操作。

　　在接下来的第 7 章中，我们将利用学到的数据库操作方法来创建购物网站。

第 7 章　实用的脚本

本章介绍在实际的 Web 应用开发中使用的 PHP 脚本。以购物网站为题材，开发出登录功能和购物车功能等可以直接用于搭建实际网站的处理。

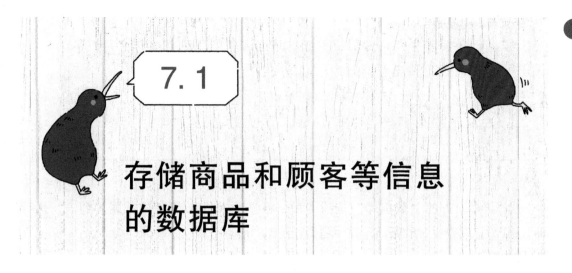

首先从本章的脚本中创建要使用的数据库。这个数据库在 Web 服务器上运行，存储购物网站的商品和顾客等数据的店铺数据库。

用 SQL 脚本创建数据库

在 phpMyAdmin 里面执行 SQL 脚本，创建在购物网站上使用的数据库。本章介绍的示例将使用该店铺数据库。

与 6.2 节一样，启动 MySQL，并在 phpMyAdmin 里面执行 SQL 脚本。

这里执行的 SQL 脚本是示例数据路径 chapter7 \shop. sql。请从本书的支持页面（1.4节）获取示例数据。shop. sql 是一个行数比较多的脚本，建议在文本编辑器中打开，全部选中后复制，并粘贴到输入栏。

Fig 使用 phpMyAdmin 创建数据库

在 SQL 的输入栏输入脚本

单击"执行"按钮实现创建数据库的处理

如果能正确执行，屏幕上会显示有绿色复选标记和"# 插入了 1 行。"的信息。

PHP超入门

Fig　SQL 脚本被正常执行时的状态

选择屏幕上方的"数据库"选项卡后，将显示 MySQL 管理的数据库列表。执行 shop. sql 后，列表中会出现 shop 这个项目。单击"shop"后，会显示 customer、favorite 等表格的列表。

创建数据库和用户

这里对创建数据库的 SQL 脚本（shop. sql）的要点部分进行说明。另外，关于脚本的内容请参考示例数据（chapter7\shop. sql）。

首先是创建数据库和用户的部分。各行的处理如下。处理详情请参照第 6 章的说明。

使用 drop database 命令，实现如果 shop 数据库已经存在，则删除数据库的处理。

```
drop database if exists shop;
```

使用 create database 命令新建 shop 数据库。

```
create database shop default character set utf8 collate utf8_general_ci;
```

使用 grant 命令创建名为 staff 的用户，密码设为 password。然后给予该用户操作 shop 数据库的权限。

```
grant all on shop.* to 'staff'@ 'localhost' identified by 'password';
```

使用 use 命令连接到创建的 shop 数据库。

```
use shop;
```

创建表格

在 shop 数据库中，使用 create table 命令创建多个表格。要创建的表格如下。

Table 创建表格

表格名	概　　要	列 的 组 成
product	商品	商品编号、商品名、价格
customer	顾客	客户编号、客户名、住址、用户名、密码
purchase	购买	购买编号、客户编号
purchase_detail	购买详情	购买编号、商品编号、数量
favorite	收藏夹	客户编号、商品编号

　　表格之间的关系如下。表示了构成各表的列名和列的说明。另外，不同表格的列和列之间的关系用线连接显示。

Fig 表格之间的关系

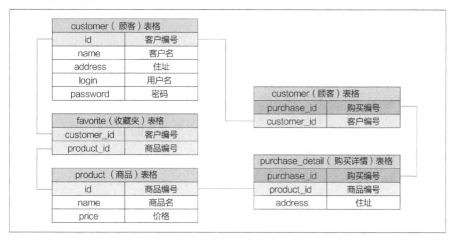

　　在第 6 章中，数据库中只有一个表格。在通常的购物网站上，像这个例子一样，一般会联合使用多个表格。多数情况下，使用客户编号和商品编号等，使各个表格能够联合起来。

🐦 唯一性约束

　　unique 这个记述被称为"唯一性约束"。指定了唯一性约束的列，每行的值都不同，无法存储与其他行相同的值。

　　例如，customer 表格有以下记述。

```
login varchar(100) not null unique,
```

　　这是表示用户名的 login 列。最后描述的 unique 是唯一性约束。这里为了不与其他顾客重复用户名，使用了唯一性约束。

🐦 外键约束

　　foreign key 的记述被称为"外键约束"。在指定外键约束的列中，只能存储外部表格中指定的列所包含的值。

例如 purchase 表格有以下的记述。

```
foreign key(customer_id) references customer (id)
```

这是 "purchase 表格的 customer_id 列中，只有 customer 表格的 id 列中存在的值可以被存储" 的意思。换句话说，就是 "购买表格的客户编号，只能指定登记在顾客表格上的客户编号" 的意思。

🐦 复合主键

primary key 的记述称为 "主键"。主键表明每一行的值不能有重复。

将多个列组合成主键的键称为 "复合主键"。例如 purchase_detail 表格有以下记述。这里组合了 purchase_id 和 product_id，作为复合主键。

```
primary key(purchase_id, product_id),
```

在这次的数据库中，purchase_id 单独在同一表中可能存在同一值的行，所以不能作为主键。product_id 也因为同样的理由，不能作为主键。

但是 purchase_id 和 product_id 的组合在同一表中不存在重复值的组合。因此，把 purchase_id 和 product_id 组合起来，用作该表格的复合主键。

🐣 数据的添加

使用 insert into 命令，在表格中添加数据。在脚本中已经对 product（商品）和 customer（顾客）表格添加了数据。其他表格添加的数据会是之后介绍的处理结果。

🐦 product 表格

在 product 表格中添加商品数据。如下所述。

```
insert into product values(null, '松子', 700);
```

通过这个 SQL 语句，会将以下数据添加到 product 表格中。

Table　往 **product** 表格中添加的数据

列	值
商品编号	nul（1 自动创建编号）
商品名	松子
价格	700

customer 表格

在 customer 表格中添加顾客的数据。例如添加以下数据。

```
insert into customer values(null, '熊木 和夫',
    '东京都新宿区西新宿 2 - 8 - 1', 'kumaki', 'BearTree1');
```

Table 往 customer 表格中添加数据

列	值
客户编号	nul（1 自动创建编号）
客户名	熊木 和夫
住址	东京都新宿区西新宿 2 - 8 - 1
用户名	kumaki
密码	BearTree1

PHP 超入门

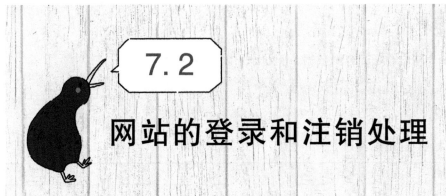

7.2

网站的登录和注销处理

很多购物网站都提供登录功能。用户通过登录网站，可以获得重复利用送货住址的信息，把商品加入收藏夹，查询购买履历等功能。为了实现这样的登录功能，会使用被称为会话的机制。

▼本节的任务

让我们实现利用用户名和密码登录网站的功能。

step 1 显示登录页面

首先，创建输入用户名和密码的页面。

Fig 登录页面

List login-input. php
PHP

```php
<?php require '../header.php';?>

<?php require 'menu.php';?>

<form action="login-output.php" method="post">

用户名<input type="text" name="login"><br>

密码<input type="password" name="password"><br>
```

```
<input type = "submit" value = "登录">
</form>
<?php require '../footer.php';?>
```

执行脚本时，需要提前在 XAMPP 控制面板上启动 Apache 和 MySQL。输入页面的脚本文件路径是 chapter7\login-input. php。在浏览器里打开以下 URL，并执行脚本。也可以从"登录"菜单执行脚本。这里需要用到稍后介绍的脚本 menu. php。

执行 http：//localhost/php/chapter7/login-input. php

用户名和密码的输入栏都是使用 < input > 标签创建的。用户名后面的标签将 type 属性设为 text，密码后面的标签将 type 属性设为 password。输入的密码将不会显示在页面上。

菜单

第 7 章的示例会在页面的上部显示菜单。通过使用这个菜单，可以联合第 7 章介绍的脚本，使这些脚本可以作为一个统一的购物网站来使用。

在每个脚本的开头加载 "menu. php" 来配置菜单。加载时使用 require 语句。require 是读取外部 PHP 脚本的功能。在执行第 7 章的脚本时，在同一文件夹中需要保存 menu. php 的脚本文件。

```
<?php require 'menu.php';?>
```

在 menu. php 中，对各个菜单项目设置 PHP 脚本。例如关于菜单中 "商品" 选项的设置如下。

```
<a href = "product.php">商品</a>
```

脚本的内容需要参照示例数据中 chapter7\menu. php 的脚本。在 menu. php 中，使用 < a > 标签连接到每个脚本。最后的 < hr > 是用于分隔菜单项目的水平线。

实现登录功能

让我们实现使用输入的用户名和密码进行登录的处理。脚本内容如下。文件路径是 chapter7\login-output. php。

List login-output. php
PHP

```php
<?php require '../header.php';?>
<?php require 'menu.php';?>
<?phpsession_start ();
unset ($_SESSION ['customer']);
$pdo = new PDO ('mysql: host = localhost; dbname = shop; charset = utf8', 'staff',
    'password');

$sql = $pdo->prepare ('select * from customer where login =? and password =?');
$sql->execute ([$_REQUEST ['login'], $_REQUEST ['password']]); foreach
($sql->fetchAll () as $row) {
    $_SESSION ['customer'] = [
        'id' => $row ['id'], 'name' => $row ['name'],
        'address' => $row ['address'], 'login' => $row ['login'],
        'password' => $row ['password']];
}
if (isset ($_SESSION ['customer'])) {
    echo '欢迎您, ', $_SESSION ['customer'] ['name'], '先生 (女士)。';
} else {
    echo '登录名或密码错误。';
}
?>
<?php require '../footer.php';?>
```

要执行程序, 需要在 Step1 的输入页面中输入用户名和密码, 然后单击"登录"按钮。输入在数据库中的用户名和密码的组合, 就可以实现登录。

例如输入用户名"kumaki"、密码"BearTree1", 可以以客户名"熊木和夫"的身份进行登录。

Fig 登录成功

如果将用户名设为数据库中未注册的"kumaki2", 则登录失败。

Fig **登录失败**

解 说

会话

　　所谓"会话",是在 Web 应用中,用于存储各用户固有的数据的结构。使用会话可以
管理不同的用户数据。在购物网站上,为了实现登录和购物车等功能,会使用会话。

　　下面介绍会话运作的机制。首先是开始会话的处理。

Fig **生成会话 ID 和会话数据**

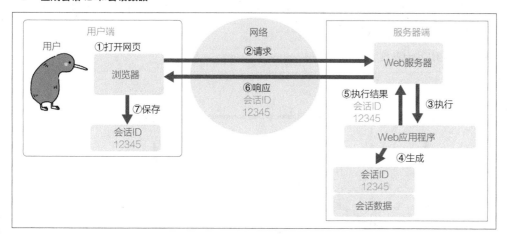

　① 用户打开网站页面。

　② 浏览器向 Web 服务器发送请求。

　③ Web 服务器执行 Web 应用程序。

　④ Web 应用程序生成"会话 ID"和"会话数据"。

会话 ID 是用于区分各个会话的识别编号。为每个会话分配不同的会话 ID。

会话数据是属于每个会话的数据。PHP 可以使用数组 $\$\_SESSION$ 存储和获取会话数
据。$\$\_SESSION$ 是 PHP 内置的数组形式的变量。

　⑤ Web 应用程序将会话 ID 传给 Web 服务器。

　⑥ Web 服务器将会话 ID 作为响应的一部分返回到浏览器。

　⑦ 浏览器将接收到的会话 ID 保存在客户端中。会话 ID 的发送和保存使用被称为
"cookie"的机制。

PHP 超入门

下面是用户再次打开网页时的处理。当用户打开网页时，浏览器会自动将保存的会话 ID 发送给 Web 服务器。通过使用收到的会话 ID，Web 应用程序可以获取会话数据。

Fig　**发送会话 ID 给 Web 服务器**

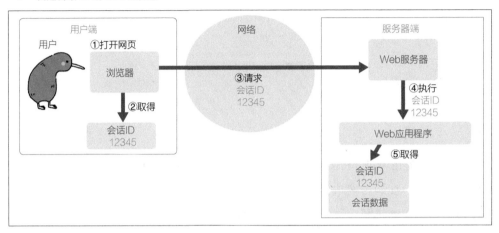

当多个用户使用 Web 应用程序时，会为每个用户分配不同的会话 ID。因此，可以同时保存每个用户专有的会话数据。

Fig　**保存每个用户专有的会话数据**

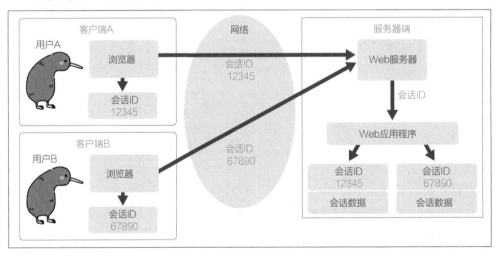

使用会话实现登录功能

要使用会话来实现登录功能，工作原理如下。

Fig 生成会话 ID 和会话数据

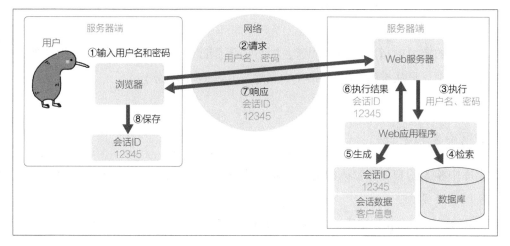

① 首先输入用户名和密码。

② 用户名和密码将作为请求参数发送给 Web 服务器。

③ Web 服务器启动 Web 应用程序，把用户名和密码作为请求参数发送给程序。

④ Web 应用程序会检查数据库中是否存在用户名和密码的组合。

⑤ 存在的话，程序将生成会话 ID 和会话数据。这里将客户信息（用户名、密码、客户名、住址）存储为会话数据。

⑥ Web 应用程序将会话 ID 发送给 Web 服务器。

⑦ Web 服务器向浏览器发送包含会话 ID 的响应。

⑧ 浏览器会保存该会话 ID。

当用户再次打开页面时，浏览器将向 Web 服务器发送会话 ID。Web 应用程序可以利用会话 ID 取得会话数据。

可以通过是否能取得会话数据来检查用户是否已登录。如果能取得就表明登录完毕，如果不能取得就表明未登录的状态。

开始会话

PHP 使用会话时，需要调用 session_start 函数。

```
session_start ();
```

使用数组 $_SESSION 可以对会话数据进行操作。这里决定将客户信息保存在索引为 customer 的数组 $_SESSION 中。

```
$_SESSION ['customer']
```

在登录之前，如果存在同名用户已经登录的情况，为了使其注销，需要从会话数据中删除已经存在的客户信息。删除信息的时候，需要调用删除指定变量的 unset 函数。

```
unset($_SESSION ['customer']);
```

如果在删除的数组中指定了数组元素，则可以不删除整个数组，而只删除指定的元素。在这个例子中，只从排列 $_SESSION 中删除 'customer' 的元素。

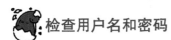检查用户名和密码

从数据库中检索用户名和密码的组合。如果找到了组合，因为指定了正确的用户名和密码，所以登录成功。

使用 PDO 连接到 shop 数据库。PDO 提供 PHP 和数据库之间的连接功能。

```
$pdo = new PDO('mysql:host = localhost;dbname = shop;charset = utf8',
    'staff', 'password');
```

接下来需要用到检索用户名和密码的 SQL 语句。例如要从 customer 表格中检索用户名和密码的组合，可以使用以下 select 语句。

```
select * from customer where login =用户名 and password =密码
```

使用 prepare 方法，准备 SQL 语句。用户名和密码的部分先用？代替。

```
$sql = $pdo ->prepare(
    'select * from customer where login =? and password =? ');
```

使用 execute 方法执行 SQL 语句。execute 方法的参数是与在 SQL 语句中的？部分相对应的数组。这里使用从请求参数中获取的用户名 $_REQUEST ['login'] 和密码 $_REQUEST ['password']。以下是把这两个变量组成数组的表达式。

```
[ $_REQUEST ['login'], $_REQUEST ['password']]
```

将此数组传递给 execute 方法。

```
$sql ->execute([ $_REQUEST ['login'], $_REQUEST ['password']]);
```

注册会话数据

通过 execute 方法执行 SQL 语句的结果，可以通过 fetchAll 方法取得。和 foreach 循环一起，可以对取得的结果进行处理。

```
foreach ($sql ->fetchAll() as $row) {
```

如果匹配到用户名和密码的组合，将执行 foreach 循环。循环中将执行以下处理。

变量 $row 中存储了从数据库中获取的客户表格的行。例如客户编号（id）可以通过 $row［'id'］的记述来取得。同样也可以取得客户名（name）、住址（address）、用户名（login）、密码（password）。然后将每一列的名称作为索引，以如下方式组合成数组。

```
[
    'id' => $row['id'],
    'name' => $row['name'],
    'address' => $row['address'],
    'login' => $row['login'],
    'password' => $row['password']]
```

把这个数组赋值给 $_SESSION［'customer'］。

```
$_SESSION['customer'] = [
    'id' => $row['id'], 'name' => $row['name'],
    'address' => $row['address'], 'login' => $row['login'],
    'password' => $row['password']];
```

以后可以使用以下记法取得客户信息。

Table　获取客户信息

信　　息	写　　　法
客户编号	$_SESSION［'customer'］［'id'］
客户名	$_SESSION［'customer'］［'name'］
住址	$_SESSION［'customer'］［'address'］
用户名	$_SESSION［'customer'］［'login'］
密码	$_SESSION［'customer'］［'password'］

 显示登录结果

如果登录成功，$_SESSION［'customer'］就会被定义。因此，使用 isset 函数来检查变量是否被定义，就可以检查登录是否成功。

```
if (isset($_SESSION['customer'])) {
```

登录成功后，将显示欢迎信息。从会话数据中获取客户名，并显示信息。

```
echo '欢迎您,', $_SESSION['customer']['name'], '先生（女士）。';
```

PHP 超入门

step
3
实现注销功能

让我们实现与登录功能相对应的注销功能。注销时，需要删除登录时创建的会话数据。
为了进行注销处理，需要显示以下注销页面。

Fig **注销页面**

list logout-input. php
PHP

```php
<?php require '../header.php';?>
<?php require 'menu.php';?>
<p>确认注销？</p>
<a href="logout-output.php">注销</a>
<?php require '../footer.php';?>
```

注销页面的脚本文件路径是 chapter7\logout-input. php。在浏览器里打开以下 URL，并
执行脚本。也可以从"注销"菜单中执行该脚本。

执行 http：//localhost/php/chapter7/logout-input. php

如果正确执行时，页面会显示"注销"的链接。链接可以通过使用 < a > 标签完成，
单击链接可以执行注销处理的脚本（logout-output. php）。

注销处理的脚本内容如下。文件路径是 chapter7\logout-output. php。

list logout-output. php
PHP

```php
<?php require '../header.php';?>
<?php require 'menu.php';?>
<?php
session_start ();
if (isset ($_SESSION ['customer']))
    { unset ($_SESSION ['customer']);
    echo '注销成功。';
} else {
    echo '已注销。';
}
?>
<?php require '.. /footer. php';?>
```

在登录页面中单击"注销"链接时，执行上面的脚本。在已登录的情况下，页面会显示"注销成功。"的信息。

Fig **注销成功**

如果本来就没有登录，或者已经注销，页面会显示"已注销"。

Fig **已注销的情况**

 解 说

删除会话数据

在注销脚本中也会使用会话，所以先调用 session_start 函数。

```
session_start ();
```

检查现在是否已经登录时，通过使用 isset 函数确认 $_SESSION ['customer'] 是否被定义了。

```
if (isset($_SESSION ['customer'])) {
```

为了实现已经登录的时候实行注销处理，需要使用 unset 函数，删除在 $_SESSION ['customer'] 中定义的客户信息。

```
unset($_SESSION ['customer']);
```

7.3

注册会员信息

第一次登录网站的时候，需要注册用户名和密码。即便注册后也会有需要更新用户名和密码的场景。让我们学习实现对用户名、密码、客户名、住址等信息的注册和更新的功能吧。

▼本节的任务

PHP	商品 收藏夹 购买履历 购物车 购买 登录 注销 注册会员
	姓名 猫田 重豪
PHP	住址 静冈县静冈市葵区追手町9-6
	用户名 nekota
PHP	密码 ••••••••••
	确定

> 实现会员信息的注册和数据更新功能。

创建客户信息的输入页面

首先显示客户信息的输入页面。

Fig 客户信息的输入页面

PHP	商品 收藏夹 购买履历 购物车 购买 登录 注销 注册会员
	姓名 _____
PHP	住址 _____
	用户名 _____
PHP	密码 _____
	确定

List customer-input. php   `PHP`

```php
<?php require '../header.php';?>
<?php require 'menu.php';?>
<?php
```

```
session_start ();
$name = $address = $login = $password = '';
if (isset ($_SESSION ['customer'])) {
    $name = $_SESSION ['customer'] ['name'];
    $address = $_SESSION ['customer'] ['address'];
    $login = $_SESSION ['customer'] ['login'];
    $password = $_SESSION ['customer'] ['password'];
}
echo '<form action="customer-output.php" method="post">'; echo
'<table>';
echo '<tr><td>姓名</td><td>';
echo '<input type="text" name="name" value="', $name, '">'; echo
'</td></tr>';
echo '<tr><td>住址</td><td>';
echo '<input type="test" name="address" value="', $address, '">'; echo
'</td></tr>';
echo '<tr><td>用户名</td><td>';
echo '<input type="text" name="login" value="', $login, '">'; echo
'</td></tr>';
echo '<tr><td>密码</td><td>';
echo '<input type="password" name="password" value="', $password, '">
'; echo
'</td></tr>';
echo '</table>';
echo '<input type="submit" value="确定">'; echo
'</form>';
?>
<?php require '../footer.php';?>
```

脚本路径是 chapter7\customer-input.php。在浏览器里打开以下 URL，并执行脚本。

执行 http：//localhost/php/chapter7/customer-input.php

如果正确执行时，会显示姓名、住址、用户名、密码的输入栏和"确定"按钮。这个页面也可以从菜单栏中的"注册会员"中打开。

显示注册信息

更新客户信息的时候，在显示现在注册的客户信息的基础上，让用户只需要编辑想要变更的地方。在本次的脚本中，登录时会根据存储在会话数据中的客户信息，显示已登录的信息。

因为要使用会话，所以需要调用 session_start 函数。

```
session_start ();
```

准备用于保存用户名、住址、密码的变量，并将空字符串赋值给这些变量。向多个变量代入相同的值时，使用方法如下。与分开记述的情况相比，可以缩短脚本。

```
$name = $address = $login = $password = '';
```

接下来检查会话数据中是否注册了客户信息。此时需要使用 isset 函数检查变量是否被定义。

```
if (isset($_SESSION ['customer'])) {
```

如果注册了客户信息，从会话数据中读取客户信息，赋值给事先定义的各个变量。以下是客户名（name）的例子。如果客户信息已经注册，可从会话数据中读取客户信息，赋值给变量 $name。

```
$name = $_SESSION ['customer'] ['name'];
```

这些变量用于生成 < input > 标签。例如在客户名的情况下，生成 < input > 标签的语句如下。

```
echo ' < input type = "text" name = "name" value = "', $name, '" > ';
```

实际生成的 < input > 标签如下所示。这是在文本框中预先输入了客户名，此处客户名为"熊木 和夫"。

```
< input type = "text" name = "name" value = "熊木 和夫" >
```

 注册和更新客户信息

让我们实现对输入的客户信息进行注册或者更新的处理。脚本内容如下。文件路径是 chapter7\customer-output. php。

customer-output. php PHP

```php
<?php require '.. /header. php';?>
<?php require 'menu. php';?>
<?phpsession_start();
$pdo = new PDO('mysql:host = localhost;dbname = shop;charset = utf8', 'staff',
    'password');
if (isset($_SESSION['customer'])) {
    $id = $_SESSION['customer']['id'];
    $sql = $pdo -> prepare('select * from customer where id! =? and login =?');
    $sql -> execute([$id, $_REQUEST['login']]);
} else {
    $sql = $pdo -> prepare('select * from customer where login =?');
    $sql -> execute([$_REQUEST['login']]);

}
if (empty($sql -> fetchAll())) {
    if (isset($_SESSION['customer'])) {
        $sql = $pdo -> prepare('update customer set name =?, address =?, ' 'login =?,
            password =? where id =?');
        $sql -> execute([
            $_REQUEST['name'], $_REQUEST['address'],
            $_REQUEST['login'], $_REQUEST['password'], $id]);
        $_SESSION['customer'] = [
            'id' => $id, 'name' => $_REQUEST['name'],'address' => $_REQUEST['address'],
            'login' => $_REQUEST['login'], 'password' => $_REQUEST['password']];
        echo '客户信息已更新。';
    } else {
        $sql = $pdo -> prepare('insert into customer values(null,?,?,?,?)');
        $sql -> execute([
            $_REQUEST['name'], $_REQUEST['address'],
            $_REQUEST['login'], $_REQUEST['password']]); echo '客
        户信息已注册。';
    }
} else {
    echo '此用户名已被注册,请更换。';
}
?>
<?php require '.. /footer. php';?>
```

注册客户信息时，首先需要使用 7.2 节的注销功能进行注销。没有注销的情况下，则更新现有的顾客信息。

在注销的状态下的 Step1 的输入页面中，输入以下客户信息。

Table　输入的客户信息

列	值
客户名	猫田 重藏
住址	静冈县静冈市葵区追手町 9－6
用户名	nekota
密码	CatField10

Fig　客户信息的输入页面

单击"确定"按钮后，显示"用户信息已注册。"。如果用户名和现有的用户名重复，会显示"此用户名已被注册，请更换。"。

Fig　成功注册客户信息

注册成功后，请从菜单中选择"登录"，尝试登录。应该可以用注册的用户名和密码登录。登录成功后，会显示注册的客户名。

在登录状态下，请从菜单中选择"注册会员"的链接，再次打开 Step1 的输入页面。在输入栏中预先显示了注册的客户信息。让我们尝试着在这个页面对客户信息进行更新吧。例如将密码变更为"CatRiceField10"，单击"确定"按钮后，页面会显示"客户信息已更新。"。

Fig　客户信息的更新

请使用更新了的客户信息，再次试着登录。可以使用用户名和新密码进行登录。

 解　说

检查用户名是否重复

首先，启动会话并连接到数据库。这个阶段和 7.2 节登录的情况相同。

接下来检查指定的用户名是否已经被使用。这个查重处理在登录的情况和没有登录的情况下处理的内容是不同的。

在登录的情况下，需要检查除了登录的用户以外，是否存在相同用户名的用户。这里将使用以下 SQL 语句进行检索。id 后面需要指定登录用户的客户编号，login 后面需要指定登录的用户名。

```
select * from customer where id! = ? and login = ?
```

在没有登录的情况下，使用以下 SQL 语句检索是否存在使用相同用户名的用户。在 login 后面指定用户名。

```
select * from customer where login = ?
```

不管是哪种情况，如果检索结果为空，则没有和其他用户的用户名重复。判定检索结果是否为空，需要使用 empty 函数来检查变量是否为空。参数中指定的变量或表达式为空时，empty 函数会返回 TRUE。

```
if (empty($sql -> fetchAll())) {
```

客户信息的更新

如果用户处在登录状态下，则对信息进行更新的处理。如果用户没有在登录状态下，则对客户信息进行注册的处理。这里通过 isset 函数检查会话数据是否存在，从而判定登录状态。

```
if (isset($_SESSION['customer'])) {
```

用户处在登录状态下，使用下面的 update 语句，可以对数据库进行更新。

```
update customer set name = ?, address = ?, login = ?, password = ? where id = ?
```

需要在 ? 的部分，指定客户名、住址、用户名、密码、客户编号，来执行 SQL 语句。执行的时候需要使用 execute 方法。

```
$sql->execute([
    $_REQUEST['name'], $_REQUEST['address'],
    $_REQUEST['login'], $_REQUEST['password'], $id]);
```

完成数据库更新后，会话数据也将更新为最新信息。更新的时候，将客户名（name）、住址（address）、用户名（login）、密码（password）的列名作为数组的索引，创建数组后，将其赋值给 $_SESSION ['customer']。在7.2节的 Step2 的登录处理中也进行了类似的处理。

```
$_SESSION ['customer'] = [
    'id' => $id, 'name' => $_REQUEST ['name'],
    'address' => $_REQUEST ['address'], 'login' => $_REQUEST ['login'],
    'password' => $_REQUEST ['password']];
```

客户信息的注册

用户在没有登录的情况下，则会使用下面的 SQL 的 insert 语句，进行在数据库中注册客户信息的处理。

```
insert into customer values(null,?,?,?,?)
```

这种情况下，也需要将客户名、住址、用户名、密码指定给？的部分，然后执行 SQL 语句。同样需要使用 execute 方法。

```
$sql->execute([
    $_REQUEST ['name'], $_REQUEST ['address'],
    $_REQUEST ['login'], $_REQUEST ['password']]);
```

7.4

购物车

让我们完成在购物网站上熟悉的购物车的处理吧。这是将商品登记在购物车里的处理。在商品的详细页面上确认了信息后，可以添加到购物车里。

▼ 本节的任务

让我们完成从商品详细信息的页面里面，添加商品到购物车的处理吧。

显示商品信息列表

完成在页面上显示商品的列表，并且可以从列表进入商品的详细内容页面。在商品列表页面中，还准备了检索商品的功能。

product. php

```php
<?php require '../header.php';?>
<?php require 'menu.php';?>
<form action="product.php" method="post">
```

```
商品检索
< input type = "text" name = "keyword" >
< input type = "submit" value = "检索" >
</form >
< hr >
<? php
echo '<table >';
echo '<th >商品编号 </th > <th >商品名 </th > <th >价格 </th >';
$pdo = new PDO ('mysql:host = localhost;dbname = shop;charset = utf8',
    'staff', 'password');
if (isset($_REQUEST ['keyword'])) {
    $sql = $pdo ->prepare ('select * from product where name like ? ');
    $sql ->execute ( ['%'. $_REQUEST ['keyword'] .'%']);
} else {
    $sql = $pdo ->prepare ('select * from product');
    $sql ->execute ( []);
}
foreach ($sql ->fetchAll () as $row) {
    $id = $row ['id'];
    echo '<tr >';
    echo '<td >', $id, '</td >';
    echo '<td >';
    echo '<a href=" detail. php? id = ', $id, '" >', $row ['name'], '</a >';
    echo '</td >';
    echo '<td >', $row ['price'], '</td >';
    echo '</tr >';
}
echo '</table >';
? >
<? php require '../footer. php';? >
```

Fig 商品列表的页面

脚本文件路径是 chapter7\product. php。可以在浏览器中打开以下 URL，执行该脚本或者也可以从"商品"的菜单栏中执行。

 http://localhost/php/chapter7/product. php

如果能正确执行，页面会显示商品列表。另外，在页面上部的检索栏中，可以进行商品的检索。关于商品数据列表的显示和检索的详细内容请参照第 6 章。

 解 说

显示检索的结果

在显示数据的时候，如果请求参数中含有检索关键字，则进行对商品的检索。关于有无检索关键词，可以用以下的 if 语句来判断。

```
if (isset($_REQUEST['keyword'])) {
```

在这里检索的关键词的请求参数名为 keyword（将检索输入栏的 name 属性设为 keyword）。在这里进行的检索是与商品名部分匹配的检索。检索内容是商品名包含检索关键词的商品。

请求参数中不包含检索关键字时，则显示所有商品。

 显示详细页面

让我们完成从 Step1 创建的商品列表中点击商品时，会跳转到商品的详细内容页面的功能。脚本内容如下。文件路径是 chapter7\detail. php。

detail. php   PHP

```php
<?php require '../header.php';?>
<?php require 'menu.php';?>
<?php
$pdo = new PDO('mysql:host = localhost;dbname = shop;charset = utf8',
    'staff', 'password');
$sql = $pdo->prepare('select * from product where id = ?');
$sql->execute([$_REQUEST['id']]);
foreach ($sql->fetchAll() as $row) {
    echo '<p><img src=" image/', $row['id'], '. jpg"></p>';
    echo '<form action=" cart-insert. php" method=" post">';
```

```
    echo '<p>商品编号:', $row['id'], '</p>';
    echo '<p>商品名:', $row['name'], '</p>';
    echo '<p>价格:', $row['price'], '</p>';
    echo '<p>数量:<select name="count">';
    for ($i=1; $i<=10; $i++) {
        echo '<option value="', $i, '">', $i, '</option>';
    }
    echo '</select></p>';
    echo '<input type="hidden" name="id" value="', $row['id'], '">';
    echo '<input type="hidden" name="name" value="', $row['name'], '">';
    echo '<input type="hidden" name="price" value="', $row['price'], '">';
    echo '<p><input type="submit" value="添加到购物车"></p>';
    echo '</form>';
    echo '<p><a href="favorite-insert.php?id=', $row['id'],
        '">添加到收藏夹</a></p>';
}
?>
<?php require '../footer.php';?>
```

要执行脚本，需要在 Step1 的商品列表中点击商品名的链接。例如这里选择"腰果"的链接，可以显示商品的详细内容。

Fig **显示商品的详细内容**

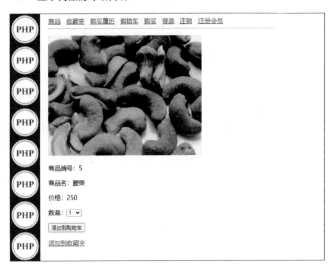

商品信息包含了商品图像、商品编号、商品名、价格。此外，还显示了指定购买数量的选择框和"添加到购物车"按钮。商品图像是在执行脚本的文件夹内的一个名为

"image"的文件夹中，以"商品编号.jpg"名称保存的图像文件。

此外，这个脚本还显示了将商品添加到收藏夹的链接。关于收藏夹功能，将在7.5节中进行说明。

 解 说

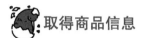 取得商品信息

通过如下 select 语句获取指定商品编号的商品信息。

```
select * from product where id = ?
```

在？的部分，指定从请求参数取得的商品编号，执行 SQL 语句。执行时使用 execute 方法。

```
$sql -> execute([ $_REQUEST ['id']]);
```

通过 fetchAll 方法取得 SQL 语句的执行结果，使用 foreach 循环显示商品信息。另外，虽然使用 foreach 循环，但是与某个商品编号对应的商品只有一个，所以显示的商品信息也只有一个。

变量 $row 中存储着取得的商品表格的行数据。例如商品编号（id）可以像 $row ['id'] 一样取得。商品编号显示的语句如下所示。实际以这种"商品编号：5"形式显示。

```
echo '<p>商品编号:', $row['id'], '</p>';
```

商品的图像用标签表示。图像在 image 文件夹中以"图像编号.jpg"的名称保存。例如商品编号为5的情况下，会生成像 < img src = "image/5. jpg" > 这样的标签。以下脚本将生成上述的 < img > 标签和 < p > 标签。

```
echo '<p><img src="image/', $row['id'], '.jpg"></p>';
```

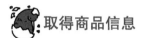 添加到购物车

为了把商品添加到购物车里，创建了表单。单击"添加到购物车"按钮后，则会执行将商品添加到购物车的脚本 cart-insert. php。

```
echo '<form action = "cart-insert.php" method = "post">';
```

在表单中放置了选择数量的选择框。

PHP 超入门

```
echo '<p>个数:<select name="count">';
...
echo '</select></p>';
```

数量在这里设定成可以指定从 1 到 10。为此在选择框中，必须配置 1 到 10 的 <option >标签。使用 for 循环创建这些 <option >标签。

```
for ($i=1; $i<=10; $i++) {
    echo '<option value="', $i, '">', $i, '</option>';
}
```

在这个 for 循环中，开始时将变量 $i 设为 1，在 $i 小于 10 之间重复处理。然后生成以下的 <option >标签。

```
<option value="1">1</option>
<option value="2">2</option>
...
```

将商品添加到购物车的脚本使用商品编号、商品名和价格的信息。因此，为了将这些信息包含在请求参数中，需要创建 type 属性被设为 hidden 的 <input >标签。type 属性被设为 hidden，控件并不会显示在页面上，但是 <input >标签设定的内容还是会发送给服务器的。

例如关于商品号码，配置像 <input type="hidden" name="id" value="5" >这样的 <input >标签。这里的商品编号是 5。这个 <input >标签由以下的脚本生成。

```
echo '<input type="hidden" name="id" value="', $row['id'], '">';
```

添加到收藏夹的链接

关于"添加到收藏夹"的链接，在请求参数名为 id 中设定商品编号。这是因为添加到收藏夹需要用到商品编号。

例如商品编号为 5 时，会生成以下链接。

```
<a href="favorite-insert.php?id=5">添加到收藏夹</a>
```

此链接将由以下脚本生成。生成了表示链接的 <a >标签和表示段落的 <p >标签。

```
echo '<p><a href="favorite-insert.php?id=', $row['id'],
    '">添加到收藏夹</a></p>';
```

添加商品到购物车

让我们创建在商品的详细内容页面上单击"添加到购物车"按钮时，会被执行的脚本。脚本内容如下。文件路径是 chapter7\cart-insert. php。要执行该脚本，也需要用到在 Step4 中介绍的 cart. php。

cart-insert. php   `PHP`

```php
<?php require '../header.php';?>
<?php require 'menu.php';?>
<?php
session_start ();
$id = $_REQUEST ['id'];
if (! isset ($_SESSION ['product'])) {
    $_SESSION ['product'] = [];
}
$count = 0;
if (isset ($_SESSION ['product'] [$id])) {
    $count = $_SESSION ['product'] [$id] ['count'];
}
$_SESSION ['product'] [$id] = [ 'name' =
    > $_REQUEST ['name'],
    'price' => $_REQUEST ['price'],
    'count' => $count + $_REQUEST ['count']
];
echo '<p>在购物车里添加了商品。</p>';
echo '<hr>';
require 'cart.php';
?>
<?php require '../footer.php';?>
```

要执行脚本，请在 Step2 的商品详细内容页面上选择数量后，单击"添加到购物车"按钮（需要用到后面介绍的 cart. php）。例如在"腰果"的商品详细页面上，将个数设为 1 个，单击"添加到购物车"按钮后，会显示在如下所示的购物车页面上。页面上显示购物车里追加了一个腰果。

Fig　添加到购物车

商品　收藏夹　购买履历　购物车　购买　登录　注销　注册会员

在购物车里添加了商品。

商品编号	商品名	价格	数量	小计	
5	腰果	250	1	250	删除
合计				250	

让我们试着再向购物车里添加同样的商品吧。回到腰果的商品详细内容页面，将数量设为 2，单击"添加到购物车"按钮，购物车里的腰果数量就变成 3 个。

Fig　添加同样的商品到购物车

商品　收藏夹　购买履历　购物车　购买　登录　注销　注册会员

在购物车里添加了商品。

商品编号	商品名	价格	数量	小计	
5	腰果	250	3	750	删除
合计				750	

让我们试着添加一下购物车里没有的商品吧。例如在杏仁的商品详细内容页面上，将数量设为 2，单击"添加到购物车"按钮，这样购物车内会有 3 个腰果和 2 个杏仁。

Fig　添加不同的商品到购物车

商品　收藏夹　购买履历　购物车　购买　登录　注销　注册会员

在购物车里添加了商品。

商品编号	商品名	价格	数量	小计	
5	腰果	250	3	750	删除
4	杏仁	220	2	440	删除
合计				1190	

解　说

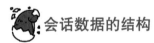

会话数据的结构

购物车内的商品信息，在存储会话数据的变量 $_SESSION 中，用以下的方法保存。$_SESSION 是 PHP 内置的数组形式的变量。

Table　购物车内的商品信息

变　量	保存值的种类
$_SESSION［'product'］［商品编号］［'name'］	商品名
$_SESSION［'product'］［商品编号］［'price'］	价格
$_SESSION［'product'］［商品编号］［'count'］	数量

例如以下是将 3 个腰果放入购物车的情况。

Table　商品信息的例子①

变　　量	保 存 的 值
$_SESSION［'product'］［5］［'name'］	'腰果'
$_SESSION［'product'］［5］［'price'］	250
$_SESSION［'product'］［5］［'count'］	3

例如以下是将 2 个杏仁放入购物车的情况。

Table　商品信息的例子②

变　　量	保 存 的 值
$_SESSION［'product'］［4］［'name'］	'杏仁'
$_SESSION［'product'］［4］［'price'］	220
$_SESSION［'product'］［4］［'count'］	2

如果腰果和杏仁都放在购物车里，上述的腰果和杏仁相关的值全部是设定好的状态。

购物车的初始化

显示购物车时使用的变量是 $_SESSION［'product'］。本章为了方便，将其称为购物车变量。

在开始购物的时候，并没有定义购物车的变量。如果购物车变量未定义，则在购物车变量中设置空的数组，将购物车初始化为空。

使用 isset 函数来检查购物车变量是否被定义。

```
if (! isset($_SESSION['product'])) {
```

购物车变量为被定义的时候，执行下面的语句。

```
$_SESSION['product'] = [];
```

把空的数组赋值给购物车变量 $_SESSION［'product'］。［］表示空的数组。

获取已加入购物车的数量

对于已被添加或者即将被添加到购物车内的商品，将进行数量求和的处理。首先将 0 赋值给表示数量的变量 $count。

```
$count = 0;
```

接下来使用 isset 函数检查即将被添加到购物车里的商品是否已经被添加过。

```
if (isset($_SESSION ['product'] [$id])) {
```

如果购物车里已经存在同样的商品，就取得购物车内该商品的个数，赋值给变量 $count。

```
$count = $_SESSION ['product'] [$id] ['count'];
```

往购物车里登记商品

往购物车里登记商品。根据上述购物车的构造，登记商品名、价格、数量这些信息。

```
$_SESSION ['product'] [$id] = [ 'name' => $_REQUEST ['name'
   ], 'price' => $_REQUEST ['price'],
   'count' => $count + $_REQUEST ['count']
];
```

关于商品名和价格，将按照请求参数取得的值原样保存。关于个数，将变量 $count 加上通过请求参数取得的个数，并保存。如果已经在购物车里放了同样的商品，因为已经在 count 里设定了个数，所以会登记和新追加的个数的合计数量。

最后显示购物车内的商品列表。

```
require 'cart.php';
```

使用 require 语句加载 cart. php。require 语句将读取并执行指定的 PHP 文件。cart. php 的内容将在下一步的 Step4 中进行说明。

 Step 4 显示购物车内商品的列表

显示购物车内商品列表的处理，不仅是在往购物车里添加商品的时候，在从购物车里删除商品的时候也需要使用。因此，将显示处理 cart. php 的文件单独总结出来，在需要的时候用 require 语句进行读取。

脚本内容如下。文件路径是 chapter7\cart. php。

List cart. php   PHP

```php
<?php
if (!empty($_SESSION ['product']))
    { echo '<table>';
```

```
echo '<th>商品编号</th><th>商品名</th>';
echo '<th>价格</th><th>数量</th><th>小计</th>';
$total = 0;
foreach ($_SESSION ['product'] as $id => $product) { echo '<tr>';
    echo '<td>', $id, '</td>';
    echo '<td><a href = " detail. php? id = ', $id, '" >',
        $product ['name'], '</a></td>';
    echo '<td>', $product ['price'], '</td>';
    echo '<td>', $product ['count'], '</td>';
    $subtotal = $product ['price'] * $product ['count'];
    $total += $subtotal;
    echo '<td>', $subtotal, '</td>';
    echo '<td><a href = " cart-delete. php? id = ', $id, '" >删除</a></td>';
    echo '</tr>';
}
echo '<tr><td>合计</td><td></td><td></td><td></td><td>', $to-
tal,
    '</td><td></td></tr>';
echo '</table>';
} else {
    echo '购物车里没有商品。';
}
? >
```

解　说

判定购物车是否为空

　　首先判定购物车是否空着。购物车是空的状态表明，还没有一个商品被添加到购物车，或者从购物车里删除了全部商品的情况。

　　使用检查变量是否为空的 empty 函数，进行如下判定。

```
if (! empty($_SESSION ['product'])) {
```

　　$_SESSION ['product'] 是购物车变量。购物车变量是存储购物车内商品信息的数组。没有商品的时候，数组是空的状态。如果数组为空，则 empty 函数返回 TRUE。

在购物车里没有一个商品的时候，$_SESSION ［'product'］ 是没有被定义的状态。变量未定义时，empty 函数返回 TRUE。

如果购物车是空的，会显示"购物车里没有商品。"的信息。如果购物车不为空，会显示购物车内的商品列表。

 显示商品列表

购物车内的商品以如下方法保存在购物车变量 $_SESSION ［'product'］ 中。

```
$_SESSION ['product'] [商品编号 A]
$_SESSION ['product'] [商品编号 B]
 ...
```

要显示购物车内的商品列表，需要使用 foreach 语句，按所有商品编号的顺序取出的商品信息。

```
foreach ( $_SESSION ['product'] as $id => $product) {
```

从购物车变量中逐个取出要素。要素以 $id 为索引，以 $product 为相对应的内容数组。假设购物车的内容如下。

Table 购物车的内容

变　　量	值
$_SESSION ［'product'］［5］［'name'］	'腰果'
$_SESSION ［'product'］［5］［'price'］	250
$_SESSION ［'product'］［5］［'count'］	3

$id 代表购物车内容的索引。这个索引表示的是商品编号。$product 是以下形式的数组。

Table $product 的状态

变　　量	值
$product ［'name'］	'腰果'
$product ［'price'］	250
$product ［'count'］	3

要在页面中显示商品编号，可使用 $id 进行如下记述。< td > 表示 HTML 表格中的数据。

```
echo '<td>', $id, '</td>';
```

实际输出如下所示。

```
<td>5</td>
```

要在页面上显示价格，可使用 $product 进行如下记述。

```
echo '<td>', $product['price'], '</td>';
```

实际输出如下所示。

```
<td>250</td>
```

删除商品的链接

要从购物车中删除商品，对每种商品都会生成以下链接。

```
<a href="cart-delete.php? id=商品编号">删除</a>
```

如果单击此链接，cart-delete. php 脚本就会被执行。这个脚本通过以名为 id 的请求参数接收商品编号的信息。cart-delete. php 将在 Step5 中进行说明。

例如商品编号为 5，会生成以下链接。

```
<a href="cart-delete.php?id=5">删除</a>
```

生成链接的脚本如下所示。这个链接也是 HTML 表格中的数据，所以也生成了 <td> 标签。

```
echo '<td><a href="cart-delete.php?id=', $id, '">删除</a></td>';
```

计算小计和总计

在购物车里会显示每个商品的小计和所有商品的合计金额。首先小计按商品分类，按"小计＝价格＊数量"计算。"＊"是乘法运算符。实际脚本如下。这里将小计结果存储在变量 $subtotal 中。

```
$subtotal = $product['price'] * $product['count'];
```

总计将存储在变量 $total 中。合计初始值设为 0。

```
$total=0;
```

合计以"合计 += 小计"的方法计算。"+="是将右边加到左边的运算符。在这里表示将小计加到合计中。对所有商品进行该处理，并计算所有商品的合计金额。实际脚本如下。

```
$total += $subtotal;
```

PHP超入门

step 5 删除购物车内的商品

从购物车内的商品中删除指定的商品。删除商品后，会再次显示购物车内的商品列表。

让我们实现这个从购物车内删除商品的功能吧。脚本内容如下。文件路径是 chapter7\cart-delete.php。执行这个脚本的时候，也会需要用到 cart.php。

List cart-delete.php `PHP`

```php
<?php require '../header.php';?>
<?php require 'menu.php';?>
<?php
session_start ();
unset ($_SESSION ['product'] [$_REQUEST ['id']]);
echo '从购物车里删除了商品。';
echo '<hr>';
require 'cart.php';
?>
<?php require '../footer.php';?>
```

要执行脚本，从显示购物车列表的状态中单击要删除的商品右侧的"删除"链接。例如删除杏仁后，会显示已删除的信息，同时还会显示杏仁被删除后的购物车状态。

Fig 删除购物车内的商品

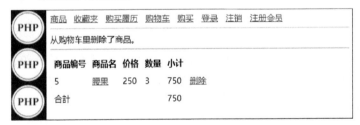

如果删除所有商品，购物车就会变空。

Fig 删除购物车内全部的商品

 解 说

 删除商品

如上所述，购物车内的商品被保存在像 $\$\_SESSION$ ［'product'］ ［商品编号］ 这样的变量中。对于想要删除的商品，只要删除这个变量，就可以从购物车中删除商品。这里使用 unset 函数删除变量。

```
unset($_SESSION ['product'] [$_REQUEST ['id']]);
```

要删除的商品编号是从请求参数中获取的。请求参数名是 id。

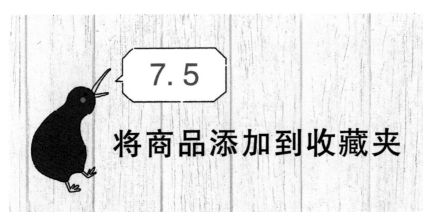

让我们学习实现对收藏夹中的商品的添加、显示和删除吧。

▼本节的任务

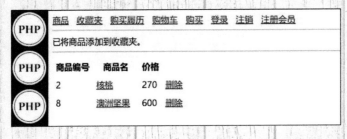

能够实现将考虑购买的商品
添加到收藏夹的功能。

Step 1 实现将商品添加到收藏夹的处理

让我们实现将商品添加到收藏夹的处理。脚本内容如下。文件路径是 chapter7\favorite-insert. php。要执行这个程序，同时也需要 Step2 中的 favorite. php。

favorite-insert. php　　　　　　　　　　　　　　　　　　　　　`PHP`

```php
<?php require '../header.php';?>
<?php require 'menu.php';?>
<?php
session_start ();
if (isset ($_SESSION ['customer'])) {
    $pdo = new PDO ('mysql: host = localhost; dbname = shop; charset = utf8',
        'staff', 'password');
    $sql = $pdo -> prepare ('insert into favorite values (?,?) ');
```

```
    $sql -> execute ([ $_SESSION ['customer'] ['id'], $_REQUEST ['id']]);
    echo '已将商品添加到收藏夹。';
    echo '<hr>';
    require 'favorite. php';
} else {
    echo '要把商品添加到收藏夹，请先登录。';
}
? >
<? php require '.. /footer. php';? >
```

要执行脚本，请在商品的详细内容页面上单击"添加到收藏夹"链接。例如在"澳洲坚果"的商品详细内容页面上选择"添加到收藏夹"链接，会在收藏夹中添加澳洲坚果。

Fig **将商品添加到收藏夹**

在没有登录的情况下，会显示提示登录的信息。请单击"登录"菜单，登录后再次执行。

Fig **没有登录的情况**

 解 说

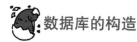 数据库的构造

收藏夹的商品会用以下的方法保存在数据库的 favorite 表格中。

Fig **收藏夹的保存方法**

如果客户编号为 1 的用户在收藏夹中注册了商品编号为 8 的澳洲坚果,则 favorite 表格如下所示。

Fig **favorite 表格的状态**

如果同一用户注册了商品编号 2 的核桃后,favorite 表格会发生如下变化。

Fig **追加商品**

如果多个用户使用了收藏夹功能,则 favorite 表格中会列出各个用户在收藏夹中注册的商品。

Fig **多个用户使用收藏夹的情况**

添加到收藏夹

要使用这个收藏功能,需要用户处于登录状态。因此,首先检查用户是否登录。通过 isset 函数,检查会话对象中是否注册了 customer。

```
if (isset($_SESSION ['customer'])) {
```

如果已登录,请执行以下 SQL 语句来添加到收藏夹。

```
insert into favorite values(?,?)
```

? 的部分需要依次指定客户编号和商品编号。实际脚本内容如下。

```
$sql = $pdo -> prepare('insert into favorite values(?,?)');
$sql -> execute([ $_SESSION ['customer'] ['id'], $_REQUEST ['id']]);
```

指定从会话数据取得的客户编号和从请求参数取得的商品编号，执行 SQL 语句。

实现收藏夹显示的通用处理

这是显示收藏夹中商品列表的通用处理。脚本内容如下。文件路径是 chapter7\favorite. php。

favorite. php

```php
<?php
if (isset($_SESSION['customer']))
    { echo '<table>';
    echo '<th>商品编号</th><th>商品名</th><th>价格</th>';
    $pdo = new PDO ('mysql: host = localhost; dbname = shop; charset = utf8',
        'staff', 'password');
    $sql = $pdo->prepare (
        'select * from favorite, product '.
        'where customer_id = ? and product_id = product. id');
    $sql->execute ([$_SESSION ['customer'] ['id']]);
    foreach ($sql->fetchAll () as $row) {
        $id = $row ['id']; echo '<tr>';
        echo '<td>', $id, '</td>';
        echo '<td><a href = " detail.php? id = '. $id. '" >', $row ['name'],
            '</a></td>';
        echo '<td>', $row ['price'], '</td>';
        echo '<td><a href = " favorite - delete. php? id = ', $id,
            '" >删除</a></td>';
        echo '</tr>';
    }
    echo '</table>';
} else {
    echo '要显示收藏夹，请先登录。';
}
?>
```

该脚本可以通过被 require 语句读取并执行，来实现被其他脚本运用的场景。

解 说

取得并显示收藏夹内容

首先，调查是否处于登录状态。使用 isset 函数检查变量 $\$\_SESSION$ ['customer'] 是否被定义了。如果没有登录，将会显示提示登录的信息。

```
if (isset($_SESSION['customer'])) {
```

然后从 favorite 表格中获取登录用户的收藏夹列表。例如考虑如下 favorite 表格的情况。

Fig favorite 表格的情况

用户的客户编号是 1 的情况下，想要取得的客户编号为 1 的行，可以用以下的 SQL 语句取得。在? 的地方指定客户编号。

```
select * from favorite where customer_id=?
```

取得的数据行如下。

Fig 取得的数据行

不仅是商品编号，也想显示商品名和价格等信息，所以需要存储了商品信息的 product 表格结合使用。指定的 favorite 表格和 product 表格需要用 "," 分隔开来。

```
select * from favorite, product where customer_id=?
```

这样还不够，因为只需要 favorite 表格的商品编号（product_id 列）和 product 表格的商品编号（id 列）一致的行，所以需要在 where 句中追加条件。

```
select * from favorite, product where customer_id=? and product_id=id
```

执行上述 SQL 语句后，可获取以下行。

Fig 得取的行

执行 SQL 语句的脚本如下。因为 SQL 语句较长，所以使用合并字符串的运算符 "."将其分成多行。

```
$sql = $pdo -> prepare(
    'select * from favorite, product '.
    'where customer_id =? and product_id = product. id');
$sql -> execute ( [ $_SESSION ['customer'] ['id']]);
```

取得的行通过 foreach 循环处理，将各行的数据存储在变量 $rowd 中。

```
foreach ($sql -> fetchAll() as $row) {
```

例如商品编号可以按下面的方法取得。这里把取得的编号赋值给变量 $id。

```
$id = $row['id'];
```

在显示商品编号、商品名、价格的同时，为了能从收藏夹中删除商品，还设置了"删除"链接。例如针对澳洲坚果（商品编号为 8）的"删除"链接，如下所示。

```
<a href = "favorite - delete.php? id = 8">删除</a>
```

此"删除"链接由以下脚本生成。

```
echo '<td><a href = "favorite - delete.php? id = ', $id, '">删除</a></td>';
```

删除处理将在 Step3 中通过创建 favorite – delete. php 来实现。

从收藏夹中删除

让我们实现从收藏夹中删除商品的处理功能吧。脚本内容如下。文件路径是 chapter7 \ favorite-delete. php。

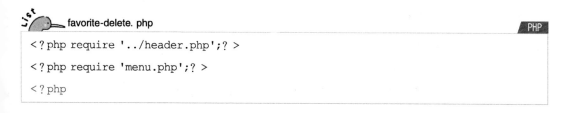

favorite-delete. php

`PHP`

```
<?php require '../header.php';? >
<?php require 'menu.php';? >
<?php
```

```
session_start ();
if (isset ($_SESSION ['customer'])) {
    $pdo = new PDO ('mysql: host = localhost; dbname = shop; charset = utf8',
        'staff', 'password');
    $sql = $pdo -> prepare (
        'delete from favorite where customer_id =? and product_id =? ');
    $sql -> execute ( [ $_SESSION ['customer'] ['id'], $_REQUEST ['id']]);
    echo '从收藏夹里删除了商品。';
    echo '<hr>';
} else {
    echo '要从收藏夹中删除商品，请先登录。';
}
require 'favorite. php';
?>
<?php require '.. /footer. php';?>
```

要执行脚本，请在收藏夹的显示页面中单击"删除"链接。如果单击澳洲坚果的"删除"链接，就会显示删除成功的信息，并且会从收藏夹中删除澳洲坚果。

Fig 　从收藏夹中删除商品

解　说

操作数据库

要从收藏夹中删除商品，请从 favorite 表格中删除指定的客户编号和商品编号的行。按以下 SQL 语句执行删除处理。

```
delete from favorite where customer_id =? and product_id =?
```

执行下面的脚本内容。

```
$sql = $pdo -> prepare(
    'delete from favorite where customer_id =? and product_id =? ');
$sql -> execute ( [ $_SESSION ['customer'] ['id'], $_REQUEST ['id']]);
```

在 ? 的部分中，指定从会话数据取得的客户编号和从请求参数取得的商品编号。

 在菜单中显示收藏夹

可以从菜单中的"收藏夹"来显示收藏夹中的商品列表。脚本内容如下。文件路径是 chapter7\favorite-show.php。要执行此脚本，也需要 favorite.php 脚本。

favorite – show.php | PHP

```php
<?php require '../header.php';?>
<?php require 'menu.php';?>
<?php
session_start ();
require 'favorite.php';
?>
<?php require '../footer.php';?>
```

要执行脚本，可单击菜单中的"收藏夹"，或者在浏览器中打开以下 URL。如果能正确执行，将显示收藏夹中的商品列表。

执行 http://localhost/php/chapter7/favorite-show.php

该脚本只是调用 session_start 函数开始会话，并使用 require 语句读取了 favorite.php（收藏夹的显示处理）。菜单的显示则是使用 menu.php 实现的。通过修改在 require 语句中读取的脚本，可以支持购物车、登录等其他处理。

 购买和购买记录

虽然本书中并没有解说，但第 7 章的示例中准备了用于商品购买的处理和确认购买记录的处理。

● **商品的购买**

显示购买手续页面，确定购物车里的商品的购买功能。购买时需要登录。

在购买手续页面上，会显示添加在购物车里的商品和客户信息。也可以从这个页面中删除购物车里的商品。

单击"确认购买"的链接后，购买信息被登录到数据库中的同时，购物车会变空。在数据库的 purchase 表格中存储了客户编号，purchase_detail 表格中存储了商品编号和数量。

Fig　购买手续的页面

购买手续页面的脚本路径是 chapter7\purchase-input.php。确定购买的脚本路径是 chapter7\purchase-output.php。可以通过单击菜单中的"购买"来执行。

● **显示购买记录**

登录的用户可以显示过去购买的商品列表。记录会在每次购买时显示。记录上显示的商品名贴有链接，可以通过单击链接，打开商品详细内容的页面。这为想再次购买过去购买过的商品提供了方便的功能。

Fig　显示购买记录

显示购买记录的脚本文件路径是 chapter7\history.php。可以从菜单中的"购买履历"来执行。

第 7 章的总结

本章以购物网站为题材，介绍了实用脚本的例子。本章的示例可以全部套用在 Web 应用开发中，也可以仅使用登录和购物车等个别的功能。希望本章的内容能让大家在学习和开发上有所参考。

第 8 章　Web 应用程序的发布

　　本章将学习发布 Web 应用程序需要的知识。本书的学习环境是 Windows（或 Mac OS X），但实际发布 Web 应用程序的环境大多是 Linux。因此，使用虚拟化软件，在 Windows 上构建 Linux 环境，并在 Linux 环境下尝试执行 Web 应用程序。

　　此外还将学习调整脚本错误信息显示的方法。最后，在学习完本书之后，还将介绍如何利用 PHP 知识的一些想法。

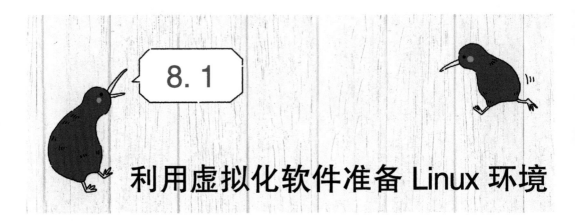

利用虚拟化软件准备 Linux 环境

本书至今为止，使用 XAMPP 学习了 PHP 编程。通过使用 XAMPP，可以非常简单地导入 PHP 编程所需的 Apache、MySQL（MariaDB）、PHP 等工具。使用 XAMPP 的优点是能在熟悉的 Windows 环境中学习 PHP 编程。

另一方面，实际运用 Web 应用程序的环境大多是 Linux。在 Linux 中，虽然 PHP 编程的方法没有变化，但是文件的配置方法和 MySQL 的操作方法等与 XAMPP 会有所不同。

本章介绍在 Linux 环境下运行 PHP 的 Web 应用程序的方法。话虽如此，除了平时使用的 Windows 和 Mac OS X 等操作系统外，准备 Linux 操作系统的计算机会比较困难。因此，在这里需要从 Windows 和 Mac OS X 上虚拟地导入 Linux 环境，然后试着运行 Web 应用程序。

用 VirtualBox 构建虚拟环境

为了适应 Linux 环境，可构建练习用的 Linux 环境。这次为了简单，使用虚拟化软件的 VirtualBox 和可以简易使用虚拟化软件的工具——Vagrant。

VirtualBox 通过用软件模仿计算机的动作，在某个计算机上，制造出好像有别的计算机一样的状况。这个"其他计算机"被称为虚拟机。虚拟机在英文中被称为 Virtual Machine，简称为 VM。

HostOS 和 GuestOS

将启动虚拟机的 OS 称为 HostOS，在虚拟机上运行的 OS 称为 GuestOS。这里 HostOS 为 Windows、GuestOS 为 Linux。比起准备 Linux 用的计算机，使用虚拟机可以更简单地使用 Linux 环境。

HostOS 除了 Windows 以外，还可以选择 Linux 和 Mac OS X。再者，将 HostOS 设为 Linux，在 Linux 上启动 Linux，乍看之下似乎没有意义，但在可以区别平时使用的环境和练习用的环境这一点上是有意义的。即使破坏了练习用的环境，平时使用的环境也不会坏，可以放心地进行学习。

 Vagrant 的作用

单独使用 VirtualBox 也可以在 Windows 上运行 Linux。但如果使用 Vagrant 的话，下面的工作会变得非常简单。

► 在 VirtualBox 上安装 GuestOS。

► 登录已安装的 GuestOS。

► 在 HostOS 和 GuestOS 之间共享文件。

► 卸载 GuestOS。

因此这里决定将 VirtualBox 和 Vagrant 一起使用。

◎ 准备 Linux 操作系统及计算机的情况

这里我们给出了不使用虚拟化软件，直接准备 Linux 操作系统和计算机时的提示。

首先是安装 Linux。Linux 是以发行版本的形式发布的，可以从众多的发行版本中选择想要的安装版本。发行版本大致有以下几种。

► Debian 系（Ubuntu 等）。

► RedHat 系（Fedora 等）。

► Slackware 系（openSUSE 等）。

接下来需要安装本书所需的软件：Apache、PHP、MySQL。安装的详细方法因发行版本而异。

8.2

发布 Web 应用程序

让我们使用虚拟化软件，在 Windows 环境中构建 Linux 环境吧。安装 VirtualBox、Vagrant、git 等软件。这些软件都可以免费使用。

Fig 安装的软件

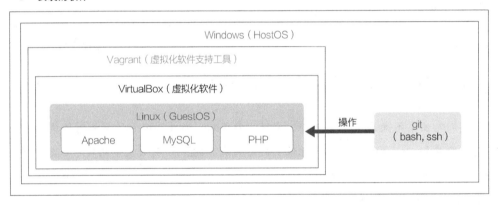

安装 VirtualBox

VirtualBox 是甲骨文公司提供的虚拟化软件。请从以下网站获取与使用环境相对应的 VirtualBox 并进行安装。

▶ VirtualBox 的下载

URL https：//www. virtualbox. org/

本书使用了 Virtual Box 5. 1. 2 Windows 版。默认安装文件夹和各种选项。如果要更改安装目标文件夹或使用 Mac OS X 版本，请根据自己的环境替换掉解说中的文件夹指定部分。

Fig VirtualBox 的网站

安装 Vagrant

Vagrant 是 HashiCorp 提供的虚拟化软件的支持工具。可以简单地在虚拟化软件中安装 OS 和开发环境。请从以下网站获取与使用环境相对应的 Vagrant 并进行安装。

▶ Vagrant 的下载

URL https：//www. vagrantup. com/

Fig Vagrant 的网站

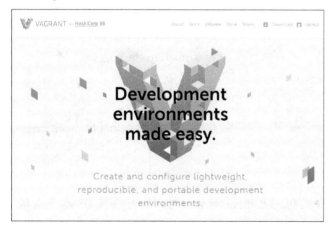

本书使用了 Vagrant 1. 8. 5 Windows 版。默认安装文件夹和各种选项。

安装 git

git 是开放源的版本管理系统。因为包含了 Vagrant 使用的 ssh 等工具，所以在这里决定一起安装。请从以下网站获取与使用环境相对应的 git，并进行安装。

▶ git 的下载

URL https：//git-scm. com/

Fig git 的网站

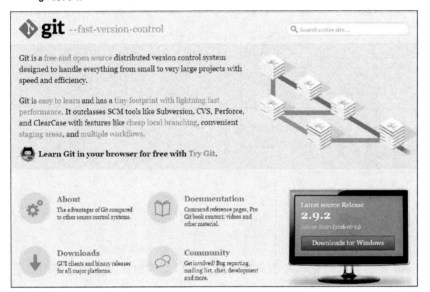

本书使用了 git 2. 9. 2 bit Windows 版。默认安装文件夹和各种选项。

 Mac OS X 的情况

Mac OS X 预先准备了 ssh 等工具，所以只需要安装 VirtualBox 和 Vagrant。

选择 box

box 是可以在 Vagrant 上使用的安装包。使用 box 的话，可以统一安装 OS 和开发环境。除了官方公开的之外，还有很多用户发布了 box。在下面的网站上，可以找到符合自己要求的 box。

▶ box 的检索网页

URL https：//app. vagrantup. com/boxes/search

Fig   box 的检索网页

　　这次选择了下载量最多的"ubuntu/trusty64"。图标下面的描述为"Official Ubuntu Server 14.04LTS (TrustyTahr)"，它是一种 Linux 的发行版本。这次 OS 将使用这个 box，PHP、Apache、MySQL 等必要的软件将另行安装。

　　也可以选择内置了 PHP、Apache、MySQL 的 box。例如要查找含有 PHP 的 box，可以在检索关键词中指定"php"。虽然选择哪个 box 比较好不能一概而论，但下载量可以作为一个参考。在上述 box 的检索网站上选择"Sort by"的"Downloads"，会按下载数量多的顺序排列 box，然后参考 box 列表中的概要，选择含有 PHP、Apache、MySQL 的 box。

新建文件夹

　　使用 Windows 的文件资源管理器新建一个用于在 Vagrant 工作的文件夹。可以在任何地方新建文件夹，本书将在磁盘 C 下新建 vagrant 文件夹。

　　磁盘 C
　　　　→vagrant 文件夹

　　在新建的 vagrant 文件夹下，新建 html 文件夹。html 文件夹下面配置了 Apache 外部公开的文件。

　　磁盘 C
　　　　→vagrant 文件夹
　　　　　　→html 文件夹

　　将示例数据的 php 文件夹复制到新建的 html 文件夹下面。

磁盘 C

  →vagrant 文件夹

   →html 文件

    →php 文件

     →chapter2 文件夹

     chapter3 文件夹

      ...

  vagrant 文件夹是 HostOS 和 GuestOS 的 "共享文件夹"，可以用于在 OS 之间传递文件。HostOS 的 vagrant 文件夹被分配给 GuestOS 的 "vagrant" 文件夹。

  使用 vagrant 这个共享文件夹是为了能够从 HostOS 上操作 GuestOS 的 Apache 公开的文件。这里将配置在 vagrant 文件夹的 html 文件夹下面的文件设定为 Apache 公开的文件。

💿 在使用 Mac OS X 的情况下

  在 Mac OS X 中，请在 home 文件夹下面新建 vagrant 文件夹，并在其中新建 html 文件夹等。

🐦 Vagrantfile 的记述

  Vagrantfile 是 Vagrant 的设定文件。在文本编辑器中新建以下文件，并将其保存在 vagrant 文件夹下面。文件名保存为 Vagrantfile。此外，该文件被收录在本书的示例数据 chapter8 的文件夹中。

🐦 **Vagrantfile**   `PHP`

```
Vagrant.configure("2") do |config|
    config.vm.box = "ubuntu/trusty64"
    config.vm.provision :shell, path: "bootstrap.sh"
    config.vm.network :forwarded_port, guest: 80, host: 8080
end
```

  将 Vagrantfile 保存为没有扩展名的文件。请在文本编辑器中编写内容，并以文件名 Vagrantfile 进行保存。如果被添加了 ".txt" 等扩展名，请使用文件资源管理器删除扩展名。

  文件内容如下。

Table　Vagrantfile 的内容

项　目	含　义
config. vm. box	指定 box。这次使用 ubuntu/trusty64
config. vm. provision	指定启动时的初始化处理。这里使用 bootstrap. sh
config. vm. network	网络配置。这次将端口 80 分配给 8080

　　需要对网络进行设置是为了将 Windows 所使用的网络的一部分用于 Linux。端口是指通信的出入口，用端口号进行出入口的区分。80 是用于 HTTP 的端口。因为 Windows 的 HTTP 用的是 80，为了进行区分，所以 Linux 的 HTTP 采用 8080。

　　8080 是从 80 容易联想到的数值，所以经常用来代替 80。当然可以指定 8080 以外的端口号。之后从浏览器连接到 Linux 上的 Web 服务器时，需要在 URL 中指定分配的端口号。

bootstrap. sh 的记述

　　在 bootstrap. sh 中，记述启动 Linux 时的初始化处理。bootstrap 是指启动 OS 时执行的处理。新建如下文件，并在 vagrant 文件夹下以 bootstrap. sh 文件名进行保存。另外，该文件被收录在本书示例数据的 chapter8 文件夹中。

bootstrap. sh　`PHP`

```
#! /usr/bin/env bash rm - rf /var/www
ln - sf /vagrant /var/www
add - apt - repository - y ppa:ondrej/php apt - get update
apt - get install - y apache2
apt - get install - y php7.0 php7.0 - json php7.0 - mysql libapache2 - mod - php7.0
```

　　文件内容如下所示。

Table　bootstrap. sh 的内容

项　目	功　能
#! /usr/bin/env bash	用 bash 工具执行这个文件
rm － rf /var/www	将 vagrant/html 文件夹作为在 Apache 的公开文件夹
ln － sf/vagrant /var/www	
add － apt － repository ...	添加 PHP7 的源
apt － get update	
apt － get install － y apache2	安装 Apache
apt － get install － y php ...	安装 PHP

Linux 的安装和启动

到目前为止的准备中，文件夹和文件构成如下。含有 Vagrantfile 的文件夹将成为 HostOS 上的共享文件夹。在这里 vagrant 文件夹是共享文件夹。

磁盘 C

  →vagrant 文件夹

    →Vagrantfile

    bootstrap. sh

    html 文件夹

      →php 文件夹

        →chapter2 文件夹

        chapter3 文件夹

        ...

下面的操作将使用 Vagrant 来安装和启动 Linux。在 Windows 文件资源管理器中，使用鼠标右键单击 vagrant 文件夹，然后从菜单中选择 "Git Bash here"。

启动名为 Git Bash 的命令行工具。确保在 Git Bash 的标题栏中显示正在使用的文件夹，这里为 "/c/vagrant"。

页面左端显示的 "$" 是提示用户输入的显示，被称为 "提示"。输入 vagrant up 后，按 "Enter" 键。

```
$vagrant up
```

Fig　Git Bash

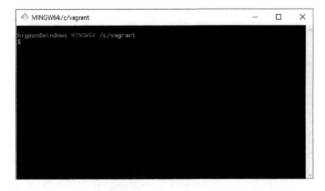

开始安装 Linux。安装完成后，Linux 启动并进行初始化，安装 bootstrap. sh 中设置的工具等处理。这些处理的执行快慢和计算机以及网络的速度有关，大概需要几分钟的时间。

当信息显示停止滚动，并且左边缘再次显示"$"的时候，表明处理已经完成。处理正确完成后，PHP 和 Apache 就可以使用了。

在使用 Mac OS X 的情况下

可以使用 OS 中内置的终端代替 Git Bash。启动终端后，按以下顺序执行命令（输入各行后需要输入［Enter］键）。

```
$ cd vagrant[Enter]
$ vagrant up[Enter]
```

在"vagrant up"下载 box 的时候，可能会中途停止。如果停止了，就再次执行"vagrant up"。

脚本的执行

通过浏览器打开以下 URL，执行本书的第一个样本脚本。

执行　http：//localhost：8080/php/chapter2/welcome.php

与第 2 章的执行方法不同的是，localhost 之后添加了"：8080"。这个 8080 是在之前说明的端口号。以后在虚拟环境中执行本书的示例时，需要在 localhost 之后添加"：8080"。执行样本脚本，并显示"Welcome"信息，则表示运行成功。

让我们记住！

Html 共享文件夹下面的文件夹和文件将由 Apache 进行公开。

Fig　welcome.php 的运行页面

> localhost:8080/php/chapt ✕
>
> ← → C localhost:8080/php/chapter2/welcome.php
>
> Welcome

脚本没有被执行的情况

　　如果脚本无法正确执行，请确认是否把本书示例的 php 文件夹复制到了 html 文件夹下面。如果没有复制，请在复制后更新浏览器页面，确认脚本的执行状况。

　　Vagrantfile 和 bootstrap.sh 的写法和本书不一样，设置内容不同的情况下，可能会导致安装失败。此时，在 Git Bash 中输入如下命令行进行卸载处理。需要确认时中输入"y"继续卸载。

```
$ vagrant destroy
```

　　修改 Vagrantfile 和 bootstrap.sh 后，重新进行安装处理。

```
$ vagrant up
```

MySQL 的安装和启动

　　从安装好的 Linux 上安装 MySQL。首先用 Git Bash 执行以下命令，登录 Linux。

```
$ vagrant ssh
```

　　ssh 是被称为安全外壳协议的工具。使用安全的通信手段，通过网络登录到计算机，并对其进行操作时使用。这里为了从 Windows 登录 Linux 而使用。

　　登录成功后，会显示以下信息和提示。

```
Welcome to Ubuntu 14.04.5 LTS
...
vagrant@ vagrant - ubuntu - trusty - 64 : ~ $
```

　　执行以下命令，安装 MySQL。"sudo"是指使用管理者权限执行命令。因为这个提示"vagrant@ vagrant – ubuntu – trusty – 64：~ $"很长，所以在之后省略成"vagrant... $"。

```
vagrant@ vagrant - ubuntu - trusty - 64 : ~ $ sudo apt - get install - y mysql - server
```

　　安装完成后，执行以下命令，构建本书示例的数据库。在"- p"之后，不能输入空白，可直接填写密码。这里使用的 SQL 脚本是用来创建第 7 章的店铺数据库的。

```
vagrant... $ sudo mysql < /var/www/html/php/chapter7/shop.sql
```

　　最后，重新启动 Apache。

```
vagrant... $ sudo service apache2 restart
```

通过浏览器打开以下 URL，使用第 6 章数据库的示例脚本，以确认脚本执行状况。

执行　http：//localhost：8080/php/chapter6/all2. php

如果能正确执行，会显示商品列表。如果不能正确执行，请再次尝试安装和启动
MySQL 的程序。如果仍然没有办法执行，请尝试重新安装 Linux。

Fig　执行 all2. php

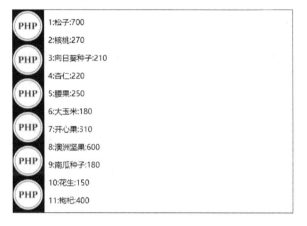

乱码的对策

在商品名乱码无法正确显示的情况下，在 Linux 环境下对/etc/mysql/my. cnf 进行编
辑，并添加字符代码的设置。编辑时使用 vi 等文本编辑器。

```
vagrant... $ sudo vi /etc/mysql/my. cnf
```

在 my. cnf 中查找写有 [mysqld] 和 [mysql] 的部分，并添加以下设置。

```
[mysqld] character - set - server = utf8
...
[mysql]
default - character - set = utf8
...
```

保存文件后，执行以下命令，重新启动 MySQL。

```
vagrant... $ sudo service mysql restart
```

执行以下命令，重建本书的数据库。

```
vagrant...$
    mysql -u root -ppassword < /var/www/html/php/chapter7/shop.sql
```

请在浏览器中执行样本脚本（all2. php），确认商品名是否能正确显示。

 MySQL 的操作

本书的第 6、7 章使用了 phpMyAdmin 来执行 SQL。这里介绍使用 mysql 命令行执行 SQL 的方法。

构建数据库后，执行以下命令。

```
vagrant...$mysql shop -u staff -ppassword
```

使用用户名"staff"和密码"password"登录，打开 shop 数据库。如果能正确执行，将显示 mysql 提示。

```
mysql >
```

在 mysql 的提示中，可以输入 SQL 语句来执行。例如试着执行以下 SQL 语句。不要忘记，最后请加上分号";"。

```
mysql > select * from product;
```

如下所示，将显示 product 表格的内容。

Fig   product 表格的内容

```
mysql> select * from product;
+----+------------------+-------+
| id | name             | price |
+----+------------------+-------+
|  1 | 松子             |   700 |
|  2 | 核桃             |   270 |
|  3 | 向日葵种子       |   210 |
|  4 | 杏仁             |   220 |
|  5 | 腰果             |   250 |
|  6 | 大玉米           |   180 |
|  7 | 开心果           |   310 |
|  8 | 碧根亚果         |   600 |
|  9 | 南瓜种子         |   180 |
| 10 | 花生             |   150 |
| 11 | 枸杞             |   400 |
+----+------------------+-------+
11 rows in set (0.00 sec)
```

例如执行以下命令时，可以显示数据库中表格的列表。

```
mysql > show tables;
```

Fig　**表格列表**

```
mysql> show tables;
+-----------------+
| Tables_in_shop  |
+-----------------+
| customer        |
| favorite        |
| product         |
| purchase        |
| purchase_detail |
+-----------------+
5 rows in set (0.01 sec)
```

要结束 mysql，请输入 exit。

```
mysql > exit
```

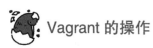

Vagrant 的操作

从 Linux 环境返回到 Windows 的 Git Bash，请执行以下命令。

```
vagrant... $exit
```

返回到 Git Bash，提示显示 $。这里介绍几个 Git Bash 可以执行的命令。

Table　**Git Bash 可以执行的命令**（部分）

命　令	内　容
exit	退出 Git Bash；GuestOS 继续运行
vagrant reload	重新启动 GuestOS
vagrant halt	停止 GuestOS
vagrant up	启动 GuestOS
vagrant destroy	删除 GuestOS

如果 Vagrant 上的 Linux 环境破损了，执行 "vagrant destroy" 和 "vagrant up"，也可以简单地重新安装。如果将工作中的文件保存在共享文件夹（\vagrant），则即使重新安装也不会丢失工作中的内容。这样的话不用担心损坏操作系统环境。

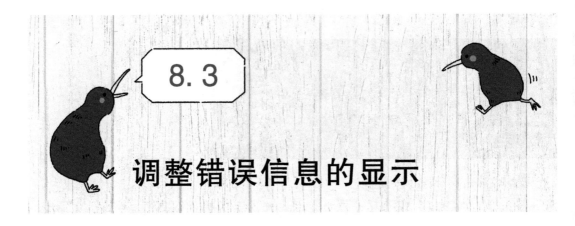

8.3

调整错误信息的显示

这里将介绍如何在发布 Web 应用程序时调整 PHP 显示的错误信息。

执行 PHP 脚本时，可能会显示错误。例如第 3 章的 user-output. php 在不通过 user-in-put. php 被执行时，会因为请求参数未被定义而显示错误信息。要执行脚本，请在浏览器中打开以下 URL。在执行之前确保使用 XAMPP 控制面板启动了 Apache。

执行　http：//localhost/php/chapter3/user-output. php

执行后，会显示以下错误信息。

Fig　错误信息

> PHP　欢迎您，
> **Notice:** Undefined index: user in **C:\xampp\htdocs\php\chapter3\user-output.php** on line **3**
> 先生/女士。

像 user-output2. php 那样，检查请求参数是否定义后，可以防止这类错误信息的产生。但是也会出现想省略检查处理，或者忘记进行检查处理的情况。在这种情况下，会显示错误信息。

抑制错误信息的显示

在开发脚本时，显示错误信息是很方便的。因为可以发现并修改错误。另一方面，在发布脚本的时候，显示错误信息的话，会让人觉得这个脚本有缺陷。

在这种情况下，抑制错误信息的显示会是一个有用的功能。

格式　抑制错误信息的显示

```
error_reporting (级别) ;
```

在参数中设置要输出的错误信息的级别。

8.3

Table　error_reporting 的级别

常 量	内 容
0	不显示任何错误
E_ERROR	严重的运行错误。将中断脚本的执行
E_WARNING	运行时的警告。脚本的运行不会中断
E_PARSE	在解释脚本时出错。在语法上有错误时会发生
E_NOTICE	运行时的注意事项。怀疑脚本有错误时会发生
E_ALL	显示全部错误

E_ERROR、E_WARNING、E_PARSE、E_NOTICE 可以用 | 分隔开进行组合。例如，想显示 E_ERROR 和 E_WARNING 时，可以像这样 E_ERROR | E_WARNING 使用。

如果将等级设为 "0"，则完全不显示任何错误信息。

```
error_reporting (0);
```

例如在本书几乎所有的脚本都需要读取 header. php 的结尾处，如果添加了以下记述，则所有脚本都将不再显示错误消息。

List　header. php   PHP

```
...
< body >
<? php error_reporting (0); ? >
```

在添加 error_reporting 之后，再试着运行 user-output. php 看看。

执行后，结果如下。

Fig　不显示错误信息

欢迎您, 先生/女士。

在开发脚本时，请一定要显示错误信息，这样可以帮助修正问题。如果不希望在发布时显示错误信息，则可以使用上述方法。

8.4

充分使用 PHP

本书学习了 PHP 编程，并利用 Apache 和 MySQL 开发了 Web 应用程序。为了使用本书所学的知识，进一步增加能实现的功能，下面介绍几个 PHP 的场景。

学习 PHP 的方法

本书针对入门级开发人员在进行 Web 应用程序开发时需要的语法进行了解说，如果学习本书中没有介绍的语法，可以阅读更多的脚本，也能写出更复杂的脚本。为了学习语法，可以利用 PHP 的官方手册等。

▶ PHP 手册

URL　https：//www. php. net/manual/zh/index. php

例如本书学习了使用内置函数和类的方法，但也可以自己重新定义函数和类。学习定义的方法，在编写大型脚本的时候会有用处。

在 WordPress 中使用 PHP

WordPress 是最近广泛使用的开源博客 CMS 平台。CMS 是 Content Management System 的缩写，是构成 Web 的文本和图像等内容的管理系统。

WordPress 是使用 PHP 和 MySQL 构建的。因此，在理解或调整 WordPress 的行为时，PHP 的知识会很有用。例如可以使用条件分支或调用函数来写一个简单的脚本，实现根据页面类型改变显示内容的功能。

不使用 Web 服务器执行 PHP 脚本

本书使用了从 Web 服务器执行 PHP 脚本的方法，但也有不使用 Web 服务器而启动脚本的方法。安装 PHP 后，可以使用此 php 命令来执行脚本。

格式	**脚本文件的执行**

php 脚本文件

上面的语句可以用来执行指定的脚本文件。例如按照 8.2 节的步骤安装 PHP，并使用 "vagrant ssh" 登录 Linux。执行以下命令后，页面中将显示 "Welcome"。

vagrant...$php /var/www/html/php/chapter2/welcome.php

使用这个方法的话，可以用 PHP 开发 Web 应用程序以外的软件。比如加工文件、操作数据库等，可以开发自己需要的工具来帮助工作。

 Web API 的使用

Web API 是利用 HTTP 的请求和响应，调用 Web 上提供的服务的功能。从脚本向服务发送指定的请求后，可以执行服务功能，将结果作为响应来接收。就像函数调用一样，可以从脚本中利用 Web 上的服务。

PHP 是容易使用 Web API 的编程语言之一。例如在 Web API 的请求和响应中经常使用 JSON 形式，正如之前所介绍的那样，PHP 有可以让处理 JSON 变得简单的功能。

例如 Twitter 等提供了被称为 Twitter REST API 的 Web API。利用这个 Web API，可以开发自动收集推特、自动发布推特等功能的脚本。

以下是可通过 PHP 使用的 Web API 的示例。关于各自的详细内容，可以对 API 名称检索等进行确认。

Table **PHP 能够使用的 Web API 的例子**

API 名称	功　能
Amazon Product Advertising API	商品的检索、商品信息的取得等
Bing Search API	网页和图像的检索
Google Custom Search API	网页和图像的检索
Google Maps API	实现地址到经纬度的转换、路线顺序的检索等
Twitter REST APIs	推特的投稿、获取、检索等
Yahoo! JAPAN Web	购物、地图、文本解析等
Rakuten Ichiba APIs	商品检索、住宿的空房间检索等

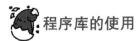

程序库的使用

本书的第 5 章介绍了利用 PHP 内置函数实现各种功能的方法。在第 6 章也利用了类。

程序库是帮助开发应用程序的软件。提供有助于创建应用程序各种功能的函数和类。PHP 标准提供的函数和类也可以说是库的一种。

除了标准程序库，还有许多库被开发出来。通过导入符合自己目的的程序库，可以创建高功能的应用程序，缩短开发时间。

以下是 PHP 常用的程序库示例。

Table **PHP 的程序库示例**

程序库名	用　途	入　手　先
Carbon	操作日期时间	https：//github. com/briannesbitt/Carbon
Guzzle	基于 HTTP 的通信	https：//github. com/guzzle/guzzle
Imagine	图像加工	https：//github. com/avalanche123/Imagine
PHPMailer	发送邮件	https：//github. com/PHPMailer/PHPMailer
pChart	绘制图表	http：//www. pchart. net/
Sentry	管理用户	https：//github. com/cartalyst/sentry
Validation	验证输入值	https：//github. com/Respect/Validation

安装方法因程序库而异。有将下载的 ".php" 文件复制到文件夹的方法，以及使用名为 Composer 的工具的方法等。

Composer 是安装和更新库，以及对库之间的依赖关系进行管理的工具。可以从 https：//getcomposer. org/获取。

这里介绍一个关于操作日期和时间的 Carbon 程序库的脚本。文件路径是 chapter8 \ use-carbon. php。

List　　use – carbon. php　　　　　　　　　　　　　　　　　　　　　PHP

```php
<?php
require 'Carbon-2.42.0/autoload.php';
use Carbon\Carbon;
echo Carbon::now('Asia/Shanghai');
?>
```

这次直接下载 Carbon. php 并复制到 chapter8 文件夹来完成安装。

在浏览器里打开以下 URL，并执行脚本。

执行 http：//localhost/php/chapter8/use – carbon. php

使用 require 语句读取 Carbon. php。Carbon 的功能调用以"Carbon \ Carbon：：函数名"的形式进行，但是如果记述 use 语句的话，可以像"Carbon：：函数名"这样调用。这样就可以使用 Carbon 库提供的类。在示例中，调用了 Carbon 的 now 函数，取得并显示了当前的北京时间。

像这样，使用事先准备的函数，就可以简单地编写出脚本。

框架的使用

框架也和程序库一样，是帮助应用程序开发的软件。框架不仅提供了方便的函数和类别，还规定了应用程序的编写方法。例如通过"请求的处理在这里用这个方法记述""输出结果的处理在这里用这个方法记述"等规定，决定了程序的编写方法。

框架不是部分提供应用程序所需的功能，而是提供构建应用程序的整个框架。和程序库一样，如果能很好地利用，可以在短时间内开发高性能的应用程序。

而且在开发参与人员众多的应用程序时，可以通过使用框架来统一应用程序编写方法。使得在团队内部共享信息将更加容易，这可以提高开发效率。

以下是 PHP 中常用的框架示例。

Table　PHP 使用的框架示例

框 架 名	特 征	官 网
CakePHP	被广泛利用，资料很多	http：//cakephp. org/
Laravel	最近普及的速度很快	https：//laravel. com/
CodeIgniter	重视处理速度	http：//www. codeigniter. com/
Symfony	面向大型开发	http：//symfony. com/
Zend Framework	记述方法的自由度高	https：//framework. zend. com/

bot 的开发

bot 是指在聊天服务中提供自动发言、分析发言服务的软件。常见的是自动做出有趣发言，随声附和别人发言的 bot。

PHP 是易于开发 bot 的语言之一。因为 bot 的编程也多利用 Web API 和 JSON，所以容易处理这些的 PHP 也适合开发 bot。利用本书所学的知识，挑战 bot 的开发也会很有趣。

第 8 章的总结

本章学习了发布 Web 应用程序的知识。请使用可用于发布 Web 应用程序的 Linux 环境进行学习，试着习惯文件的配置和命令行的操作。

此外，还涉及了学习本书后的 PHP 的使用场景。在深入学习 PHP，挑战 Web 应用程序以外的软件开发时，一定要活用本书所学的知识。

就算存在无法理解的地方也没关系。当需要用到该部分时，请再次尝试运行脚本或阅读解说，以加深理解。